한날 글·그림 / 이젠수학연구소 지음

새 교과서 반영

4학년에게 꼭 필요한

도형 만화 교과서

이젠교육
EZEN EDUCATION

한날 글·그림

웹툰·이모티콘 캐릭터 작가로 활동하며 캐릭터 그리는 것을 평생의 즐거움으로 살아가고 있습니다. 웹툰 '동물농장'과 '인생다반사'를 연재했으며, 카카오톡 이모티콘 '인생다반사'와 '짤모티콘' 등을 출시하였습니다. 쓰고 그린 책으로는 《읽으면서 바로 써먹는 어린이 영단어》, 《읽으면서 바로 써먹는 어린이 맞춤법》, 《읽으면서 바로 써먹는 어린이 관용구》, 《읽으면서 바로 써먹는 어린이 속담》, 《읽으면서 바로 써먹는 어린이 퀴즈》, 《읽으면서 바로 해보는 어린이 게임》 등이 있습니다.

blog http://blog.naver.com/ngmspg http://www.instagram.com/hannal_01

이젠수학연구소 지음

이젠수학연구소는 유아에서 초중고까지 학생들이 수학의 바른길을 찾아낼 수 있도록 수학 학습법을 연구하는 이젠교육의 수학 연구소입니다. 수학 실력은 하루아침에 완성되지 않으며, 다양한 경험을 통해 발달합니다. 그길에 친구가 되고자 노력합니다.

4학년에게 꼭 필요한 도형 (만화 교과서)

초판 1쇄 발행 | 2022년 1월 10일

지 은 이 이젠수학연구소
펴 낸 이 임요병
펴 낸 곳 ㈜이젠교육
출판등록 제 2020-000073호
주 소 서울시 영등포구 양평로 22길 21
코오롱디지털타워 404호
전 화 (02)324-1600
팩 스 (031)941-9611
인스타그램 @ezeneducation
블 로 그 http://blog.naver.com/ezeneducation

@이젠교육
ISBN 979-11-90880-71-8

4학년에게 꼭 필요한

도형

(만화 교과서)

구성과 특징

4학년에게 꼭 필요한 도형

수학 웹툰 전문 작가의 캐릭터를 활용한 실생활 이야기로

수학에 대한 호기심과 자신감을 키워요.

2 다각형
01 다각형과 정다각형
체로야, 뭐 하고 있어?
배찌구나~
히히~ 이것 봐.
짜잔~
조금 전에 문방구에 가서 사 왔어.
씨익
앗! 그건 도형자잖아.
활짝
응. 맞아.
72
● 무엇을 배울까요? 다각형과 정다각형의 뜻과 이름을 알아보게
다각형을 그려 보며 변과 꼭짓점의 수를 알
다각형과 정다각형을 찾아 보게 하고, 구성해
● 언제 배울까요? 초등학교 4학년 2학기 다각형 단원에서 배워
그래서 공책에 다각형을 그려 보고 있었어.
방긋
우아~ 정말 다양한 다각형들을 그렸구나.
척
앗! 정다각형들이네?
정다각형?
이것들은 변의 길이와 각의 크기가 같아서 이름에 정을 붙였어.
73

학습 포인트 1

수학 교과서 단원의 내용을 실생활 소재를 활용한 만화로 재미있게 읽으면서 수학에 대한 호기심을 가질 수 있습니다.

학습 포인트 2

만화 속 내용과 연결된 수학 교과서 학년과 학기의 단원을 소개하고, 무엇을 배우는지 알 수 있습니다.

캐릭터와 함께하는 주제별 질문식 수학 개념을

쉽고 재미있게 읽으면서 원리를 이해해요!

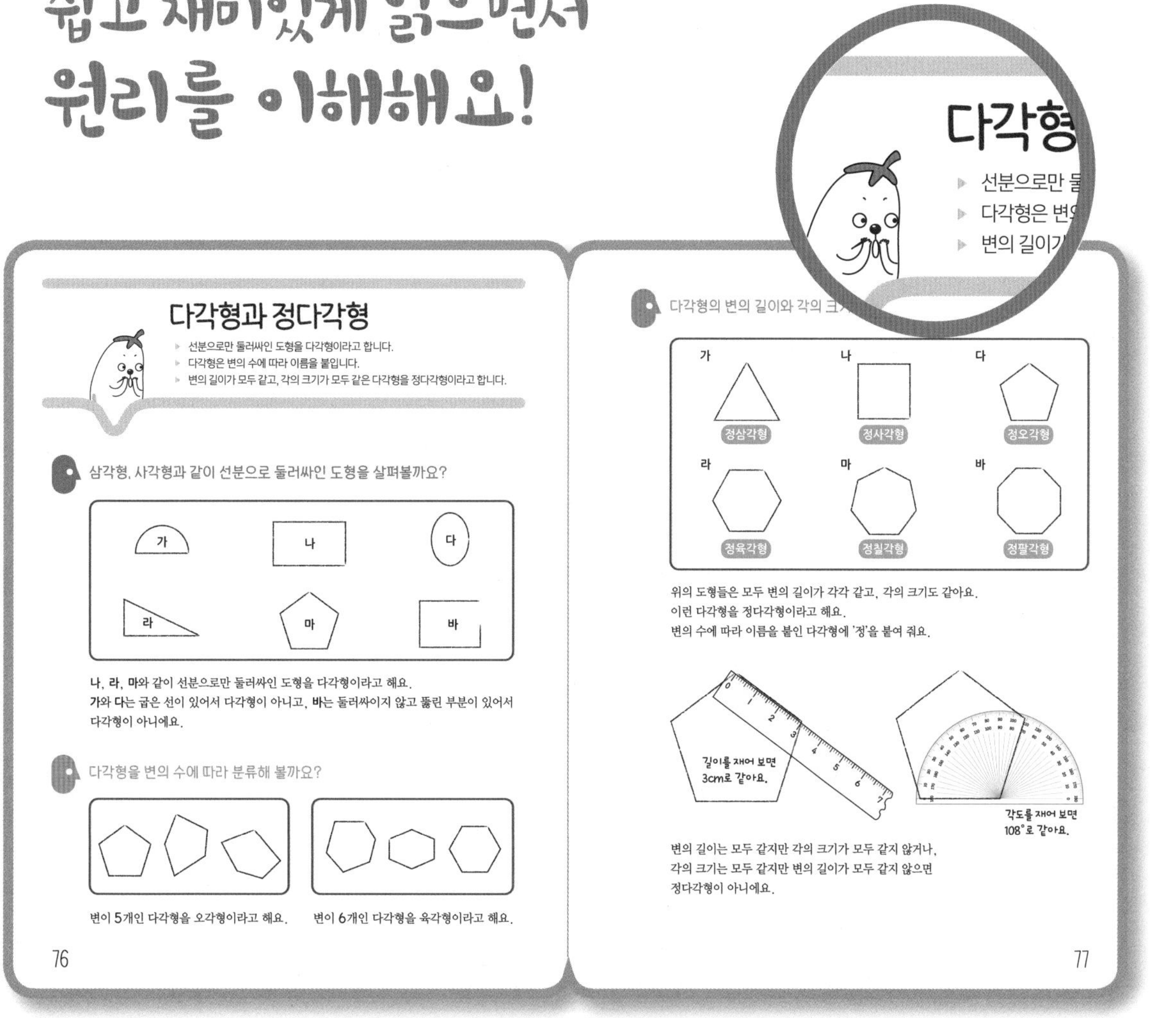

다각형
선분으로만 둘
다각형은 변의
변의 길이가

다각형과 정다각형

- 선분으로만 둘러싸인 도형을 다각형이라고 합니다.
- 다각형은 변의 수에 따라 이름을 붙입니다.
- 변의 길이가 모두 같고, 각의 크기가 모두 같은 다각형을 정다각형이라고 합니다.

삼각형, 사각형과 같이 선분으로 둘러싸인 도형을 살펴볼까요?

가 나 다 라 마 바

나, 라, 마와 같이 선분으로만 둘러싸인 도형을 다각형이라고 해요.
가와 다는 굽은 선이 있어서 다각형이 아니고, 바는 둘러싸이지 않고 뚫린 부분이 있어서 다각형이 아니에요.

다각형을 변의 수에 따라 분류해 볼까요?

변이 5개인 다각형을 오각형이라고 해요. 변이 6개인 다각형을 육각형이라고 해요.

76

다각형의 변의 길이와 각의 크기

가 정삼각형 나 정사각형 다 정오각형
라 정육각형 마 정칠각형 바 정팔각형

위의 도형들은 모두 변의 길이가 각각 같고, 각의 크기도 같아요.
이런 다각형을 정다각형이라고 해요.
변의 수에 따라 이름을 붙인 다각형에 '정'을 붙여 줘요.

길이를 재어 보면 3cm로 같아요.

각도를 재어 보면 108°로 같아요.

변의 길이는 모두 같지만 각의 크기가 모두 같지 않거나,
각의 크기는 모두 같지만 변의 길이가 모두 같지 않으면
정다각형이 아니에요.

77

학습 포인트 3

수학 교과서의 개념을 수학 만화와 연결하여 원리를 정확히 이해할 수 있습니다.

학습 포인트 4

주제별 원리에 대한 질문에 대해 생활에서 볼 수 있는 내용을 그림으로 재미있게 구현하여 쉽게 이해할 수 있습니다.

차례

4학년에게 꼭 필요한
도형

1. 삼각형과 사각형

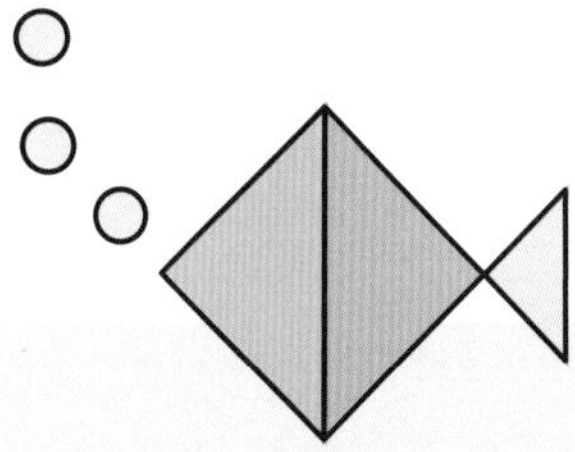

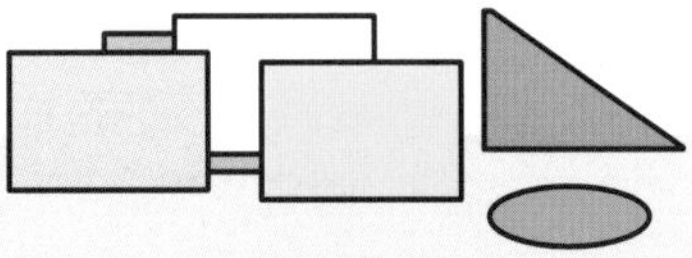

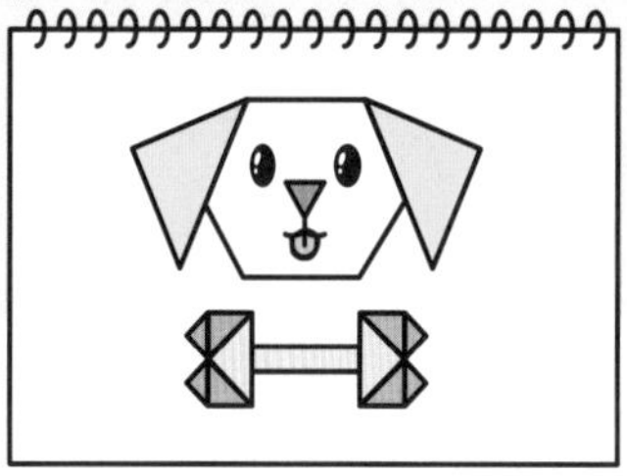

2. 다각형

작가의 말

여러분에게 수학이란 어떤 의미인가요? 친해지고 싶은 친구인가요? 아니면 정복하고 싶은 대상이나 넘을 수 없는 장애물인가요? 각자마다 느끼는 수학의 의미는 다르겠지만 아마도 확실한 것은 우리 삶에 있어서 꼭 필요한 존재라는 사실이에요. 하지만 꼭 필요하지만 가까이 다가가기 어려울 때가 있죠. 과일채소 친구인 (쵸배, 배찌, 체로, 가징, 토리)도 마찬가지거든요. 그럴때마다 쵸배, 배찌, 체로, 가징, 토리는 일상생활에서 재미있게 수학을 접하며 즐긴답니다. 어린이 여러분도 이젠 이 책 속으로 들어가 과일채소 친구들과 함께 수학의 재미에 풍덩 빠져들 수 있었으면 하는 바람입니다.

01 삼각형을 변의 길이에 따라 분류하기

쵸배야,
색종이로 뭘 만들고
있는 거야?
체로구나~
히히~
강아지 얼굴을
만들고 있어.
정말?
한번 보여 줘!
알았어~
방긋
짜잔~
이거야~
어때?
척

● 무엇을 배울까요? 삼각형의 세 변을 살펴 길이가 같은 변이 있는지 찾게 합니다.
삼각형을 변의 길이에 따라 분류하고 이름을 짓게 합니다.
이등변삼각형과 정삼각형을 알게 합니다.

● 언제 배울까요? 초등학교 4학년 2학기 삼각형 단원, 사각형 단원에서 배워요.

우아~ 정말 잘 만들었구나!
깜짝
자세히 보니까 이 강아지 얼굴에 특징이 있네~
히히! 그게 뭘까요?
앗! 알겠어. 이 강아지 얼굴에는 삼각형이 다양하게 붙어 있어.
맞아. 여러 개의 삼각형이 들어가 있어.
번쩍

귀에는 이등변삼각형을 붙혔고~
코는 정삼각형으로 만들었어.
삼각형이 들어간 강아지 정말 귀여워.
히히~ 고마워.
활짝
그런데 잠깐! 뭔가 조금 허전한데?
그래! 이게 빠졌었군.
오잉?
활짝
뭐가 빠졌다는 거지?
궁금

스케치북 줘 봐!
척
뚝딱
뚝딱
뚝딱
다 만들었어!
활짝
앗! 이건!
삼각형으로 만든
뼈다귀잖아.
히히~
강아지가 좋아하는
뼈다귀가 있어야지!
씨익
우아! 드디어
그림 완성이야!
방긋

삼각형을 변의 길이에 따라 분류하기

- 두 변의 길이가 같은 삼각형을 이등변삼각형이라고 합니다.
- 세 변의 길이가 같은 삼각형을 정삼각형이라고 합니다.

곧은 선 3개로 둘러싸인 모양을 삼각형이라고 해요.
삼각형에는 3개의 변과 3개의 꼭짓점, 3개의 각이 있어요.

삼각형을 변의 길이에 따라 두 종류로 분류해 볼까요?

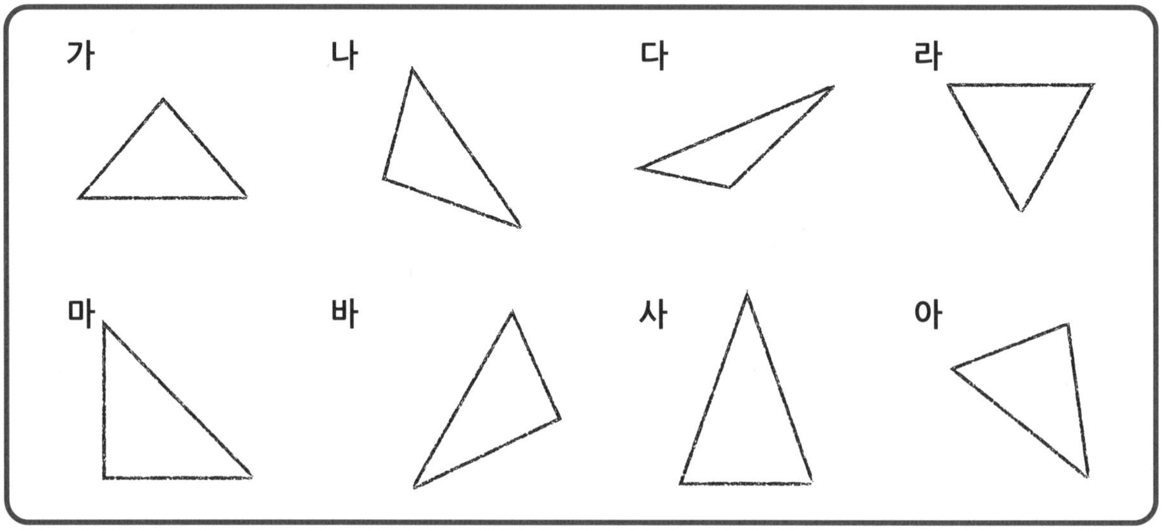

길이가 같은 변이 없는 삼각형	길이가 같은 변이 있는 삼각형
나, 다, 바, 아	가, 라, 마, 사

길이가 같은 변을 가진 삼각형과
변의 길이가 모두 다른 삼각형으로
분류할 수 있어요.

길이가 같은 변을 가진 삼각형의 이름을 붙여 볼까요?

왼쪽의 삼각형에서 길이가 같은 변이 있는 삼각형은 **가**, **라**, **마**, **사**예요.

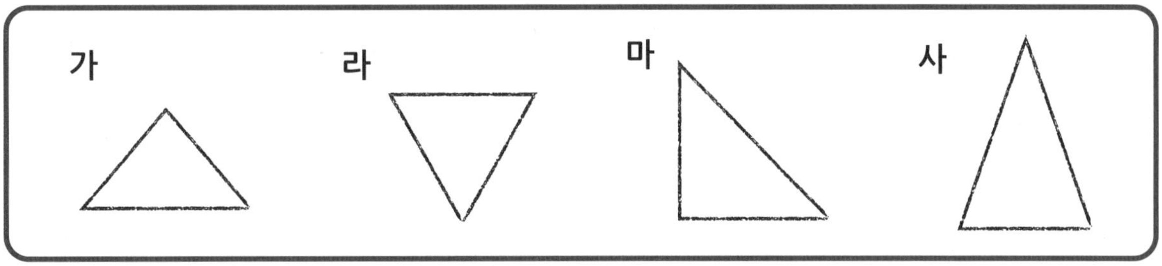

가
라
마
사

가, **라**, **마**, **사**와 같이 두 변의 길이가 같은 삼각형을 이등변삼각형이라고 해요.
특히, 세 변의 길이가 모두 같은 **라**와 같은 삼각형을 정삼각형이라고 해요.

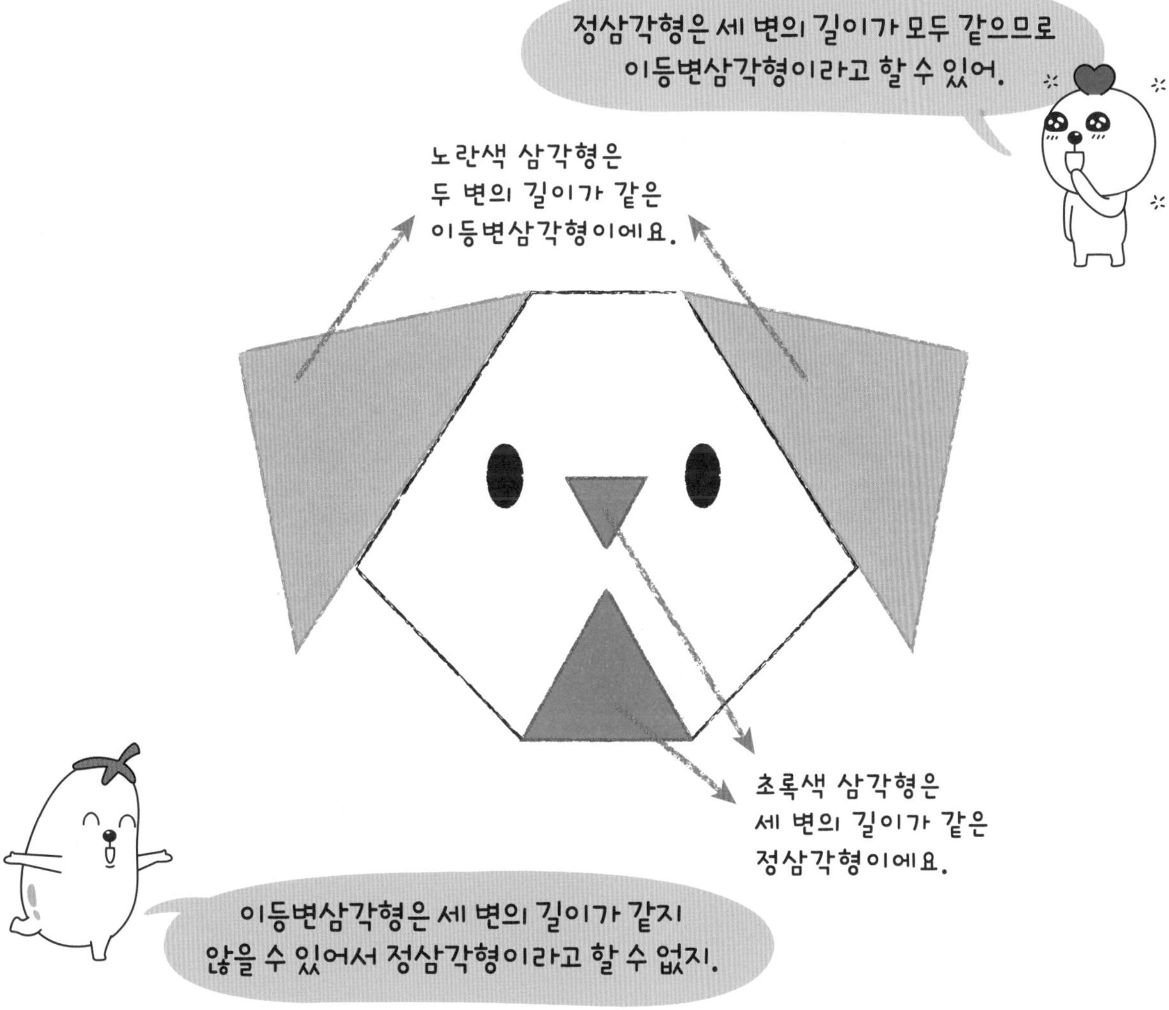

정삼각형은 세 변의 길이가 모두 같으므로 이등변삼각형이라고 할 수 있어.
노란색 삼각형은 두 변의 길이가 같은 이등변삼각형이에요.
초록색 삼각형은 세 변의 길이가 같은 정삼각형이에요.
이등변삼각형은 세 변의 길이가 같지 않을 수 있어서 정삼각형이라고 할 수 없지.

02 이등변삼각형의 성질 알고 이등변삼각형 그리기

끄응.
배찌야,
왜 그래?
산을 그리고 싶은데
너무 그리기 어려워.
긁적
긁적
그렇구나.
내가 산을 쉽게
그리는 법을
알려 줄까?
정말?
짝

● 무엇을 배울까요? 종이를 잘라 이등변 삼각형을 만들어 이등변삼각형의 성질을 알게 합니다. 이등변삼각형을 그리고, 세 각의 크기를 재어 이등변삼각형의 성질을 알게 합니다. 자와 각도기로 이등변삼각형을 그려 보게 합니다.

● 언제 배울까요? 초등학교 4학년 2학기 삼각형 단원, 사각형 단원에서 배워요.

바로 이등변삼각형으로 산을 그리면 돼.
이등변삼각형?
응.
찡긋
앗! 두 변의 길이와 두 각이 같은 걸 이등변삼각형이라고 하잖아.
히히~ 맞아.

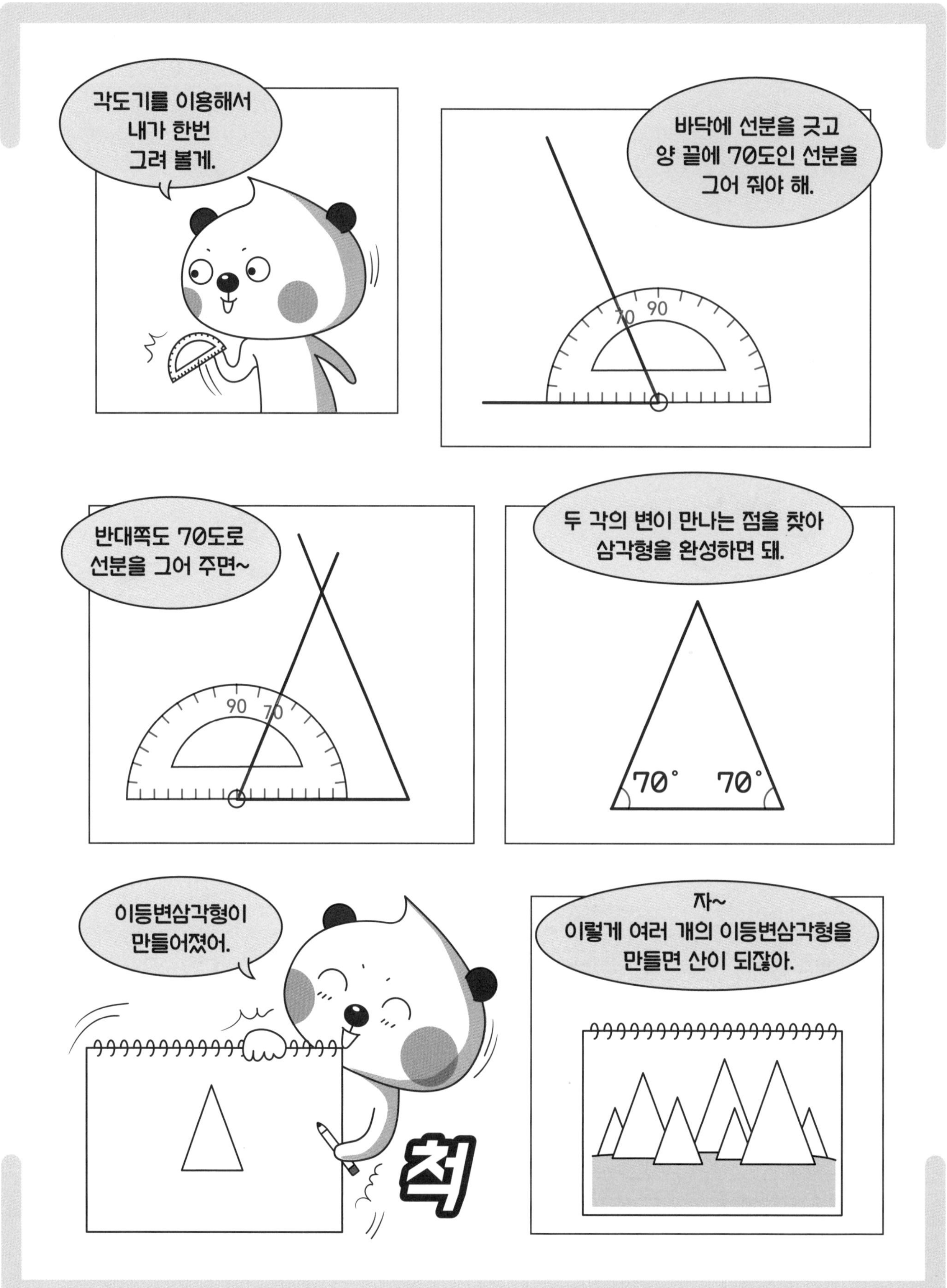

각도기를 이용해서 내가 한번 그려 볼게.
바닥에 선분을 긋고 양 끝에 70도인 선분을 그어 줘야 해.
70
90
반대쪽도 70도로 선분을 그어 주면~
90
70
두 각의 변이 만나는 점을 찾아 삼각형을 완성하면 돼.
70°
70°
이등변삼각형이 만들어졌어.
척
자~ 이렇게 여러 개의 이등변삼각형을 만들면 산이 되잖아.

여기에 색칠만 해 주면 산 그림이 완성되는 거지.
우아~ 정말 간단한 모양이지만 그럴듯한 산이 되었어.
깜짝
여기에 색칠만하면~
쓱싹
쓱싹
쓱싹
산이 완성되었어.
히히~ 드디어 완성했나 보구나. 어디 한번 볼까?
뜨헉!
깜짝
어때? 멋지지?
배찌야, 산은 초록색으로 칠해야지. 그것까지 알려 줘야 하다니…

이등변삼각형의 성질 알고 이등변삼각형 그리기

▶ 이등변삼각형은 길이가 같은 두 변에 있는 두 각의 크기가 같습니다.

이등변삼각형을 만들어 볼까요?

색종이를 반으로 접고 그림과 같이 곧은 선을 그어 자른 다음 펼치면 자른 선의 길이가 같으므로 두 변의 길이가 같은 이등변삼각형이 만들어져요.

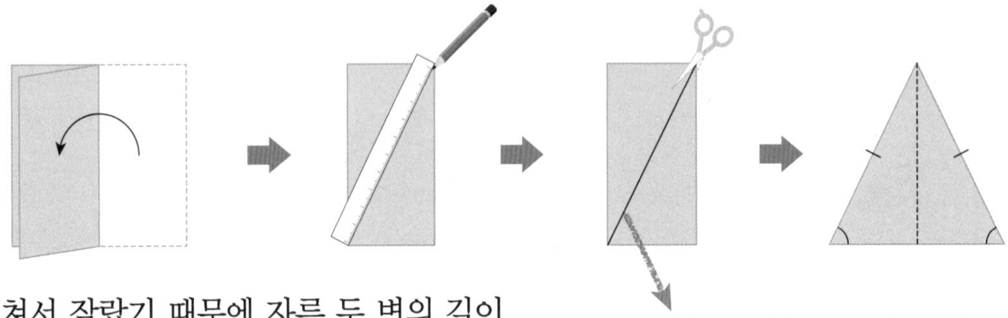
한번에 잘라서 만들어지는
변으로 길이가 같아요.

① 겹쳐서 잘랐기 때문에 자른 두 변의 길이가 같아요.

② 길이가 같은 두 변과 함께하는 두 각의 크기가 같아요.

겹쳐서 잘라 만들었으므로
자른 선분의 길이가 같고,
겹쳐진 부분의 각의 크기도 같아.

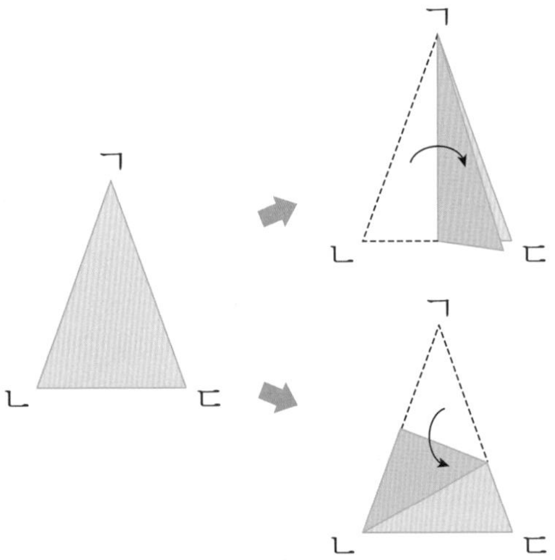
ㄱ
ㄴ
ㄷ

• 각 ㄴ과 각 ㄷ의 크기는 같아요.
• 각 ㄱ과 각 ㄴ의 크기는 같지 않아요.

자를 사용하여 두 변이 4cm인 이등변삼각형을 그려 볼까요?

길이가 같은 두 변을 그려서 이등변삼각형을 그리는 방법

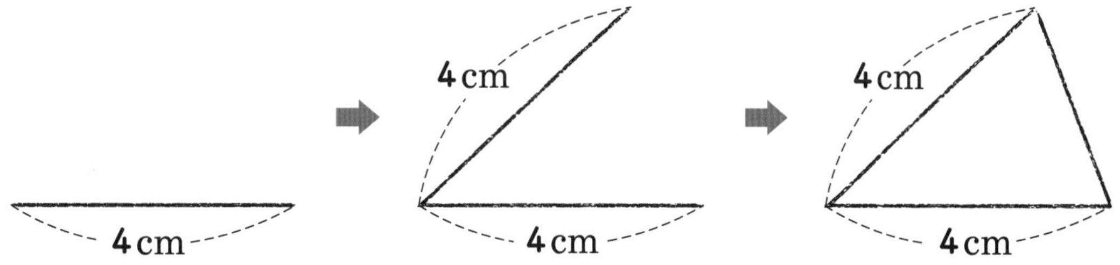

① 길이가 4cm인 선분을 그어요.
② 위에서 그은 선분의 한쪽 끝에서 똑같은 길이의 선분을 하나 더 그어요.
③ 두 선분의 끝을 이어 줘요.

각도기를 사용하여 두 각이 40°인 이등변삼각형을 그려 볼까요?

크기가 같은 두 각을 그려서 이등변삼각형을 그리는 방법

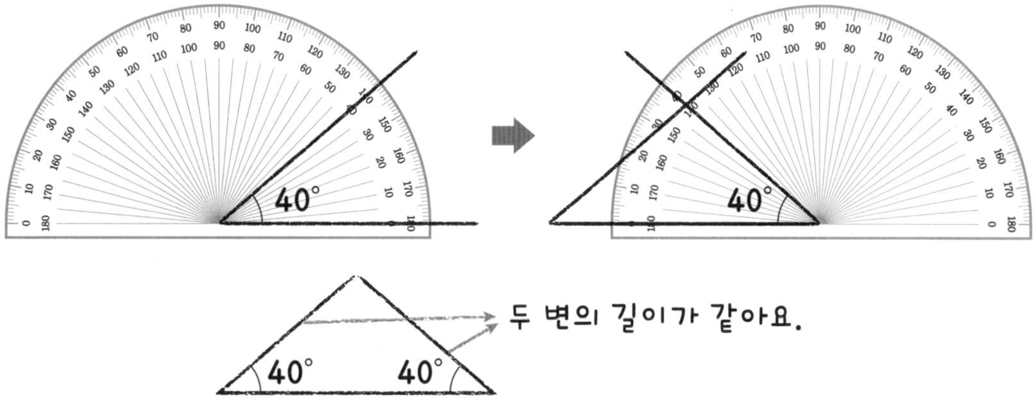

① 주어진 선분의 양쪽 끝에 각도가 40°인 선분을 각각 그어요.
② 두 각의 변이 만나는 점을 찾으면 선분의 양 끝과 이어 삼각형을 완성해요.
③ 두 변의 길이를 재어 보면 길이가 같음을 확인할 수 있어요.

03 정삼각형의 성질 알고 정삼각형 그리기

얘들아,
이 길로 가자.
척
이 길은
처음 보는 길이야.
이 길이 미술 학원을
더 빨리 갈 수 있는
지름길이야.
휙
오~
그럼 이 길로 가면
빨리 갈 수 있겠어.
응.
얼른 이 길로
가자!
후다닥
휙
휙

● 무엇을 배울까요? 조작 활동을 통해 정삼각형의 성질을 알게 합니다. 세 각의 크기를 재어 정삼각형의 성질을 알게 합니다. 자와 각도기로 정삼각형을 그려 보게 합니다.

● 언제 배울까요? 초등학교 4학년 2학기 삼각형 단원, 사각형 단원에서 배워요.

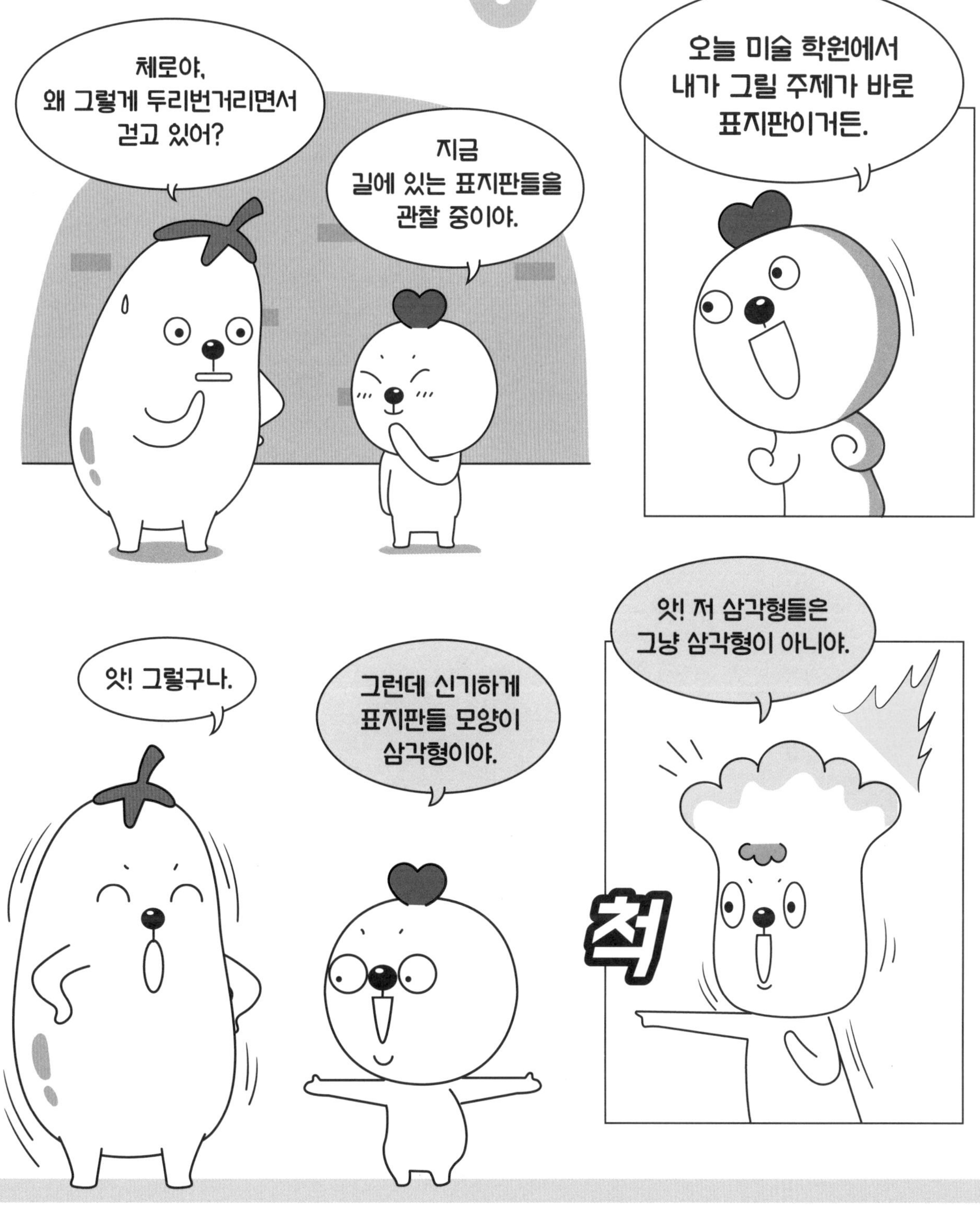

체로야, 왜 그렇게 두리번거리면서 걷고 있어?
지금 길에 있는 표지판들을 관찰 중이야.
오늘 미술 학원에서 내가 그릴 주제가 바로 표지판이거든.
앗! 그렇구나.
그런데 신기하게 표지판들 모양이 삼각형이야.
앗! 저 삼각형들은 그냥 삼각형이 아니야.
척

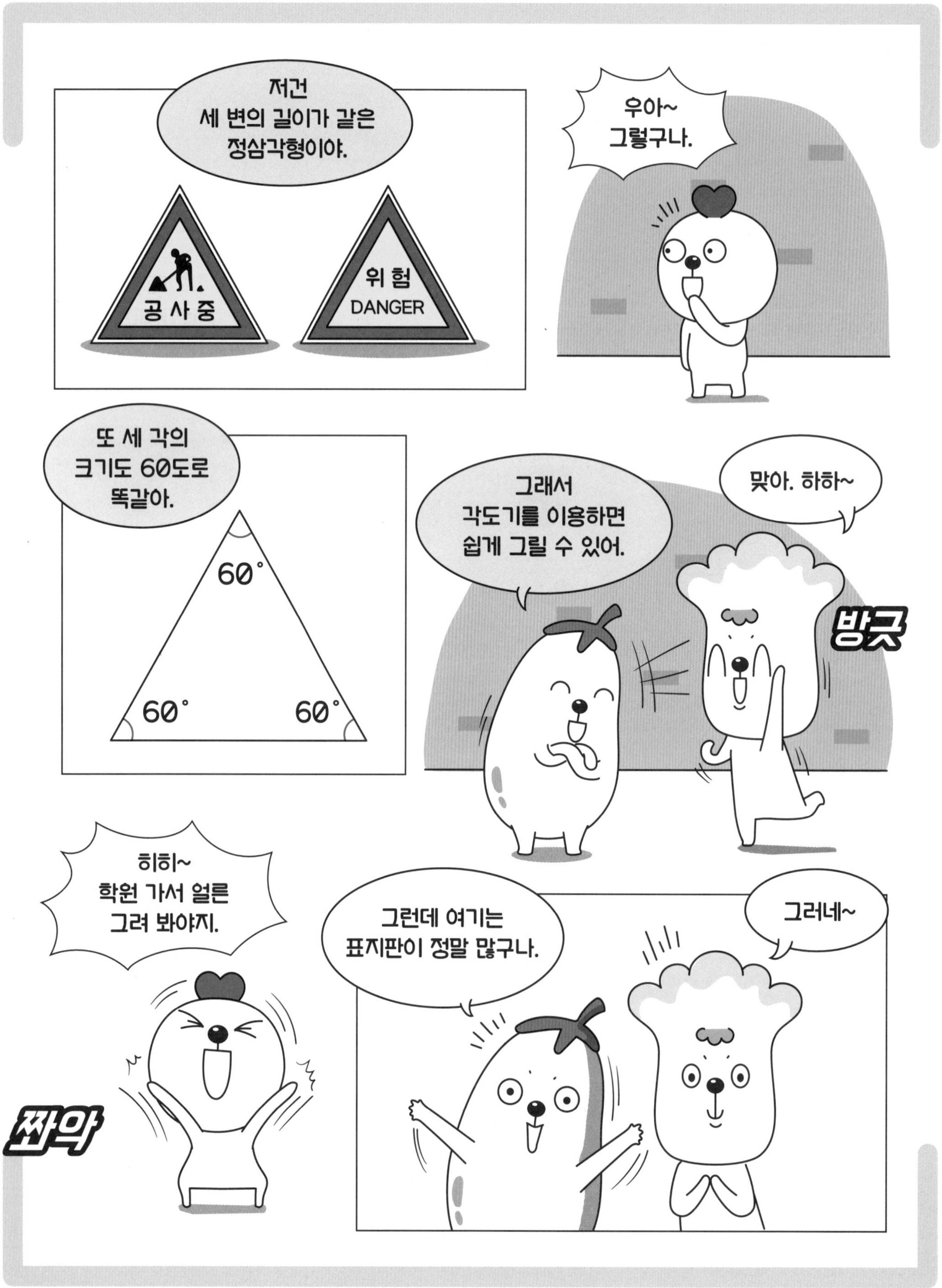
저건
세 변의 길이가 같은
정삼각형이야.
공 사 중
위 험
DANGER
우아~
그렇구나.
또 세 각의
크기도 60도로
똑같아.
60°
60°
60°
그래서
각도기를 이용하면
쉽게 그릴 수 있어.
맞아. 하하~
방긋
히히~
학원 가서 얼른
그려 봐야지.
짜악
그런데 여기는
표지판이 정말 많구나.
그러네~

저기도 봐.
깜짝
그러네.
공 사 중
위 험
DANGER
낙석 주의
엣? 잠깐!
그런데 이 표지판들은
전부…
멈칫
위험하다고
경고하는 표지판이잖아.
흐이익!
이 길은 위험한
길이야.
다시 돌아가자.
흐이잉!
지름길로 가려다가
더 늦어졌잖아.
후다닥

정삼각형의 성질 알고 정삼각형 그리기

▶ 정삼각형은 세 각의 크기가 60°로 모두 같습니다.

정삼각형의 각의 크기를 재어 볼까요?

각도기를 사용하여 여러 가지 크기의 정삼각형의 세 각의 크기를 재어 보면 삼각형의 크기에 상관없이 각도가 모두 같고 한 각의 크기가 60°임을 알 수 있어요.

→ 삼각형의 세 각의 크기의 합은 180°이므로 정삼각형의 한 각의 크기는 180°÷3=60°예요.

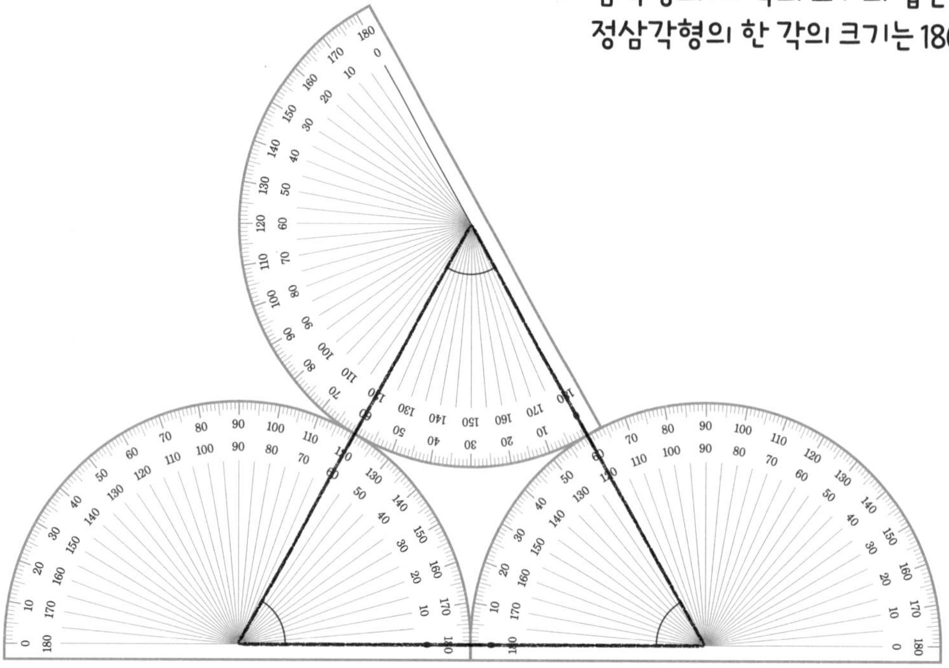

삼각형이 작아도, 커도
각의 크기는 모두 60°야.

정삼각형을 그려 볼까요?

각도기와 자를 사용하여 정삼각형을 그릴 수 있어요.

길이가 같은 세 변을 그려서 정삼각형을 그리는 방법

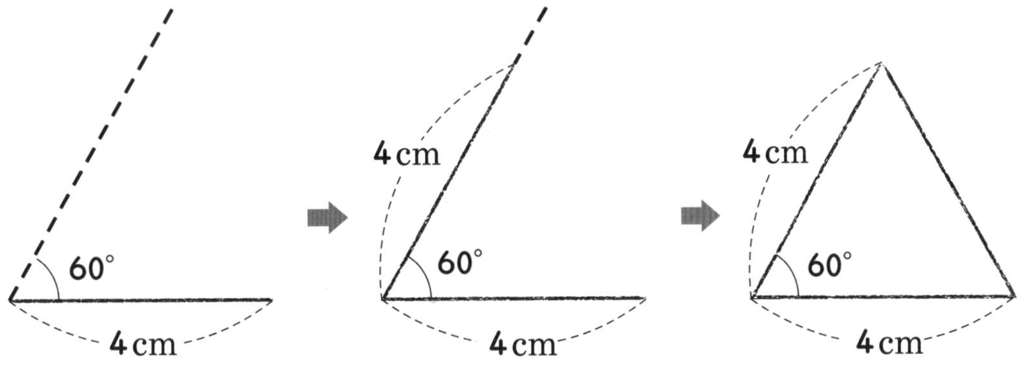

① 길이가 4cm인 선분을 그어요.
② 위에서 그은 선분의 한쪽 끝에서 각도가 60°가 되는 선분을 긋고 길이가 4cm가 되도록 그어요.
③ 두 선분의 끝을 이어 줘요.

크기가 같은 60°인 각을 그려서 정삼각형을 그리는 방법

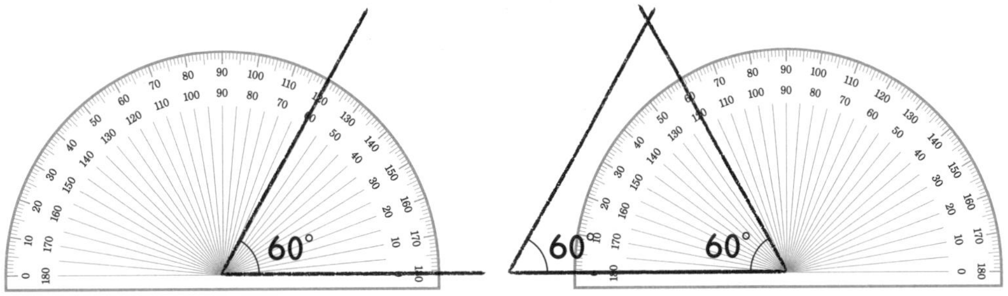

① 주어진 선분의 양쪽 끝에 각도가 60°인 선분을 각각 그어요.
② 두 각의 변이 만나는 점을 찾으면 선분의 양 끝과 이어 삼각형을 완성해요.
③ 세 변의 길이를 재어 보면 길이가 같음을 확인할 수 있어요.

04 삼각형을 각의 크기에 따라 분류하기

배찌야,
공원에 있었구나.
응.
앗!
그 가방은
못 보던 거네?
짜잔~
척
오옷!
가방 앞에 삼각형들이
그려져 있잖구나.

● 무엇을 배울까요? 삼각형을 각의 크기에 따라 분류하고 이름 짓게 합니다. 예각삼각형과 둔각삼각형을 알게 합니다. 예각삼각형, 직각삼각형, 둔각삼각형을 자로 그리고 각도기로 재어 확인하게 합니다.

● 언제 배울까요? 초등학교 4학년 2학기 삼각형 단원, 사각형 단원에서 배워요.

응. 내가 직접 그린 거야.
우아~ 엄청 다양한 모양의 삼각형을 그렸구나.
히히~ 다양하게 색칠까지 칠해 줬어. 어때?
방긋
예뻐. 다양한 색깔로 칠하니까 더 예쁜 것 같아.
활짝

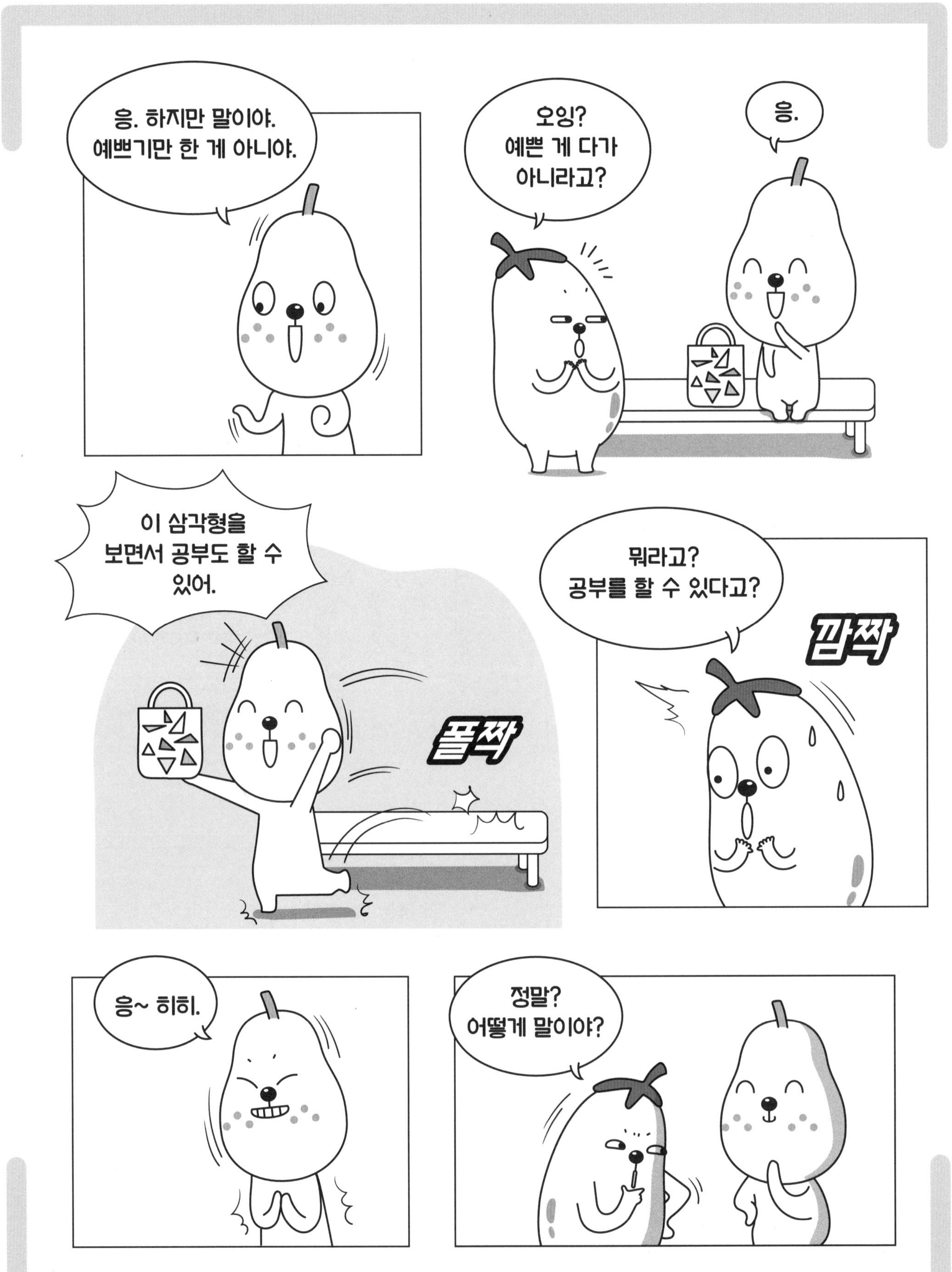

응. 하지만 말이야.
예쁘기만 한 게 아니야.
오잉?
예쁜 게 다가
아니라고?
응.
이 삼각형을
보면서 공부도 할 수
있어.
폴짝
뭐라고?
공부를 할 수 있다고?
깜짝
응~ 히히.
정말?
어떻게 말이야?

자~
이 삼각형들을 잘 봐.
모양이 다양하지?
이 삼각형들을 보고
각에 따라 분류할 수
있어.
그러네~
씨익
앗! 그렇구나.
예각과 둔각으로 분류할 수
있구나.
척
맞았어.
세 각이
모두 예각인 삼각형을
예각삼각형이라고 하고~
한 각이 둔각인 삼각형을
둔각삼각형이라고 하니까
그렇게 나눠 보면~

이렇게 나눌 수 있지.
둔각삼각형
둔각
둔각
둔각
예각삼각형
예각
예각
예각
맞아.
히히~
그리고 이 각이 직각인
직각삼각형까지 있어.
90°
앞으로 이 가방을
보면 삼각형의 각에
대해 생각할 수 있어.
정말 기발한
생각이구나!

그런데 가방 안에는 뭐가 들었어?
히히~ 가방 안에는 내가 좋아하는 만화책들이 들어 있지.
코믹 만화
척
그런데 배찌야, 공부를 위해 가방에 삼각형을 그린 건 기발한데 말이야.
오잉?
삼각형을 그리는 것보다 그 가방 안에 만화책이 아니라 수학책을 들고 다녀야 더 공부가 되지 않을까?
히히~ 그건 그래.

삼각형을 각의 크기에 따라 분류하기

- 세 각이 모두 예각인 삼각형을 예각삼각형이라고 합니다.
- 한 각이 둔각인 삼각형을 둔각삼각형이라고 합니다.

삼각형의 한 각이 직각인 삼각형을 직각삼각형이라고 해요.

삼각형을 각의 크기에 따라 분류해 볼까요?

삼각형의 각의 크기가 예각인지, 직각인지, 둔각인지 표시해서 분류할 수 있어요.

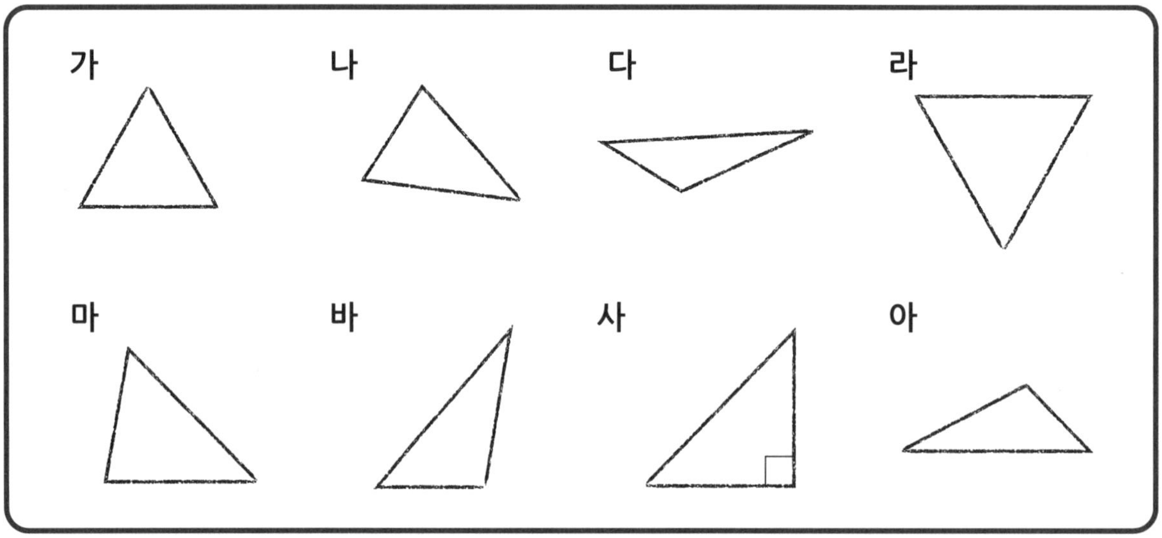

한 각이 둔각인 삼각형	세 각이 모두 예각인 삼각형
다, 바, 아	가, 나, 라, 마

둔각은 90°보다 크고 180°보다 작은 각이므로
한 각이 둔각인 삼각형에서는 나머지 두 각은 예각이에요.

각의 크기에 따라 분류한 삼각형의 이름을 붙여 볼까요?

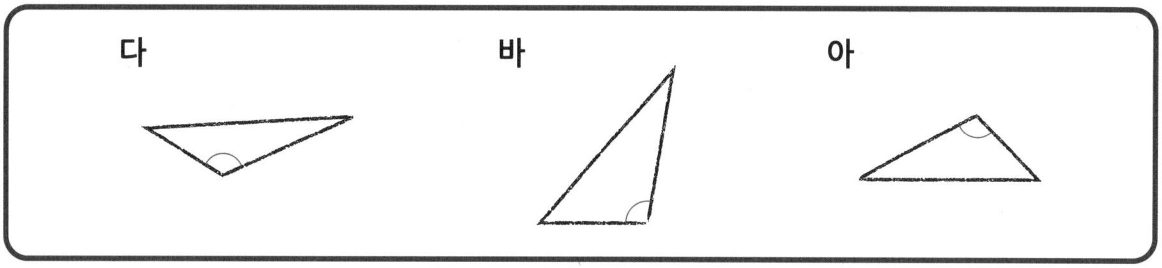

다
바
아

다, **바**, **아**와 같이 한 각이 둔각인 삼각형을 둔각삼각형이라고 해요.

→ 90° 보다 크고 180° 보다 작은 각

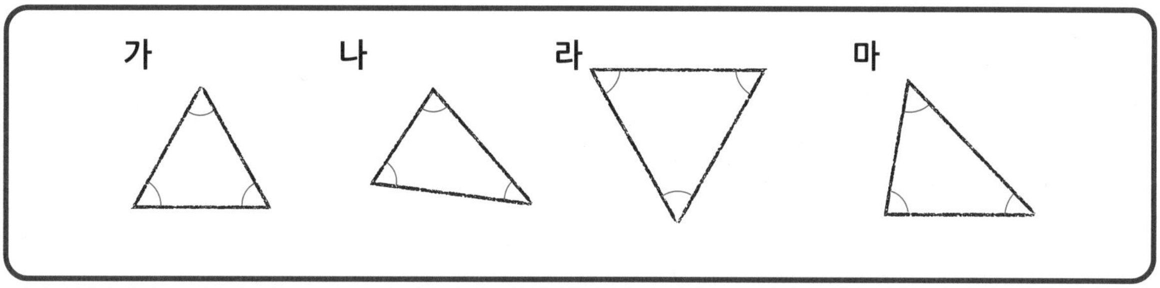

가
나
라
마

가, **나**, **라**, **마**와 같이 세 각이 모두 예각인 삼각형을 예각삼각형이라고 해요.

0° 보다 크고 90° 보다 작은 각 ←

예각삼각형은 세 각의 크기가 모두 예각이어야 해!

사와 같이 세 각이 한 각이 직각인 삼각형을 직각삼각형이라고 해요.

→ 90°

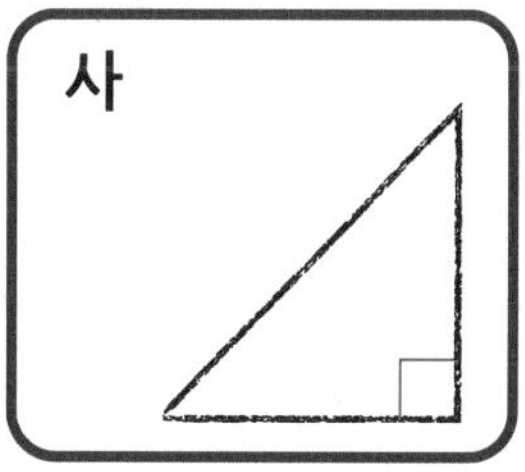

사

삼각형은 각의 크기에 따라 3종류로 구분할 수 있어!

05 삼각형을 변의 길이와 각의 크기에 따라 분류하기

애들아~
여기가 바다야.
우아~
바다가 정말 넓어.
히히~
바다는 처음 와 봐.

앗!
애들아, 저기 와!
오잉?
휙
우아!
바다에 많은 돛단배들이
있어.

● 무엇을 배울까요? 직각이 있는 이등변삼각형을 변의 특징과 각의 특징에 따라 어떤 삼각형인지 찾게 합니다. 여러 가지 삼각형을 변의 길이와 각의 크기에 따라 분류하게 합니다.

● 언제 배울까요? 초등학교 4학년 2학기 삼각형 단원, 사각형 단원에서 배워요.

우아~
돛단배들이 정말 멋져!
저 돛들을 봐.
휙
모양이 다
제각각이야.
응.
모양이 정말 다양해.
하지만
모두 삼각형 모양인 건
똑같구나.

맞아. 하지만 같은
삼각형 모양이지만
다양한 삼각형이 있어.
앗!
바로 각의 크기에 따라
분류할 수 있다는 말이지?
맞아.
저 삼각형은
각이 90도보다 크니까
둔각삼각형이야.
둔각
맞아.
그럼 저건?
저건 90도보다 작으니까
예각삼각형이야.
예각
예각
예각
척

맞아.
그리고 저 돛처럼 직각인 삼각형도 있어.
90°
앗! 그럼 저건 바로 직각삼각형이야.
히히~
그리고 삼각형을 각의 크기가 아니라 변의 길이에 따라서도 나눌 수 있어.
변의 길이?
그렇지. 참!
탁
돛의 삼각형들을 각의 크기가 아니라 변의 길이로 나눠 보면~
앗!
내가 나눠 볼게.

이렇게 분류할 수 있어.
이등변삼각형
정삼각형
변의 길이가 모두 다른 삼각형
히히~ 맞아.
돛단배를 보고도 이렇게 삼각형을 생각하고 공부할 수 있구나.
얘들아, 더 재미있는 일이 남았어.
정말? 그게 뭐야?

오늘 우리가 바다에 온 이유가 바로 배를 타 보기 위해서야.
척
우아~ 정말 신난다.
멋진 요트를 타면서 맛있는 음식을 먹을 건가 봐.
얼른 가자!
후다닥
끄응…
이건 돛단배가 아니라 그냥 통통배잖아.
히히~ 예약을 잘못했네.
멀미할 것 같으니까 얼른 내려 줘.

삼각형의 변의 길이와 각의 크기에 따라 분류하기

▶ 삼각형을 변의 길이에 따라 이등변삼각형, 정삼각형으로 분류할 수 있고,
각의 크기에 따라 예각삼각형, 직각삼각형, 둔각삼각형으로 분류할 수 있습니다.

변의 길이에 따라 분류해 볼까요?

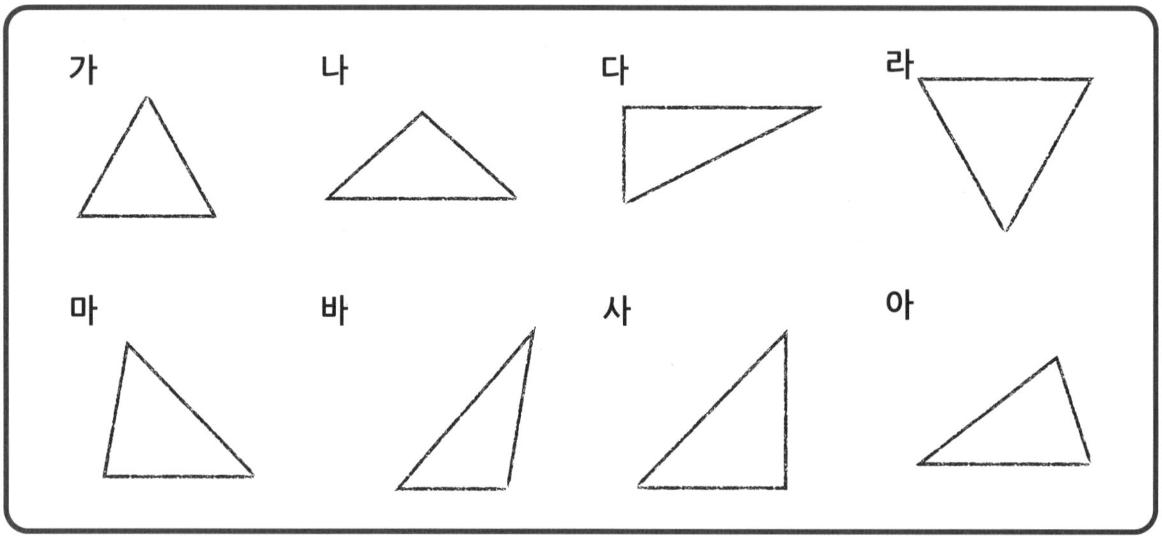

가
나
다
라
마
바
사
아

두 변의 길이만 같은 삼각형	세 변의 길이가 같은 삼각형	길이가 모두 다른 삼각형
나, 사, 아	가, 라	다, 마, 바

- 두 변의 길이가 같은 삼각형은 이등변삼각형과 정삼각형이에요.
- 세 변의 길이가 같은 삼각형은 정삼각형이에요.

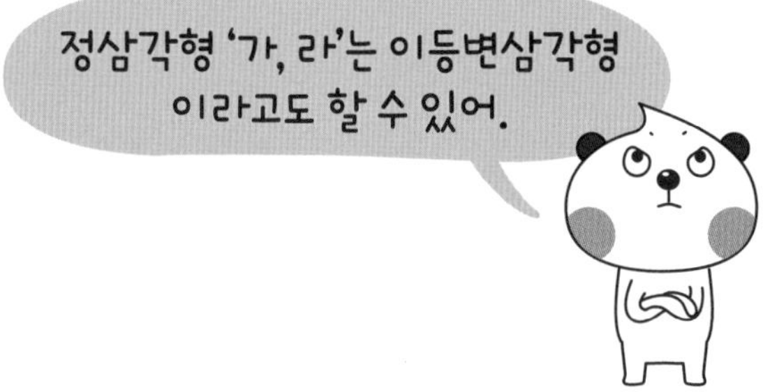

정삼각형 '가, 라'는 이등변삼각형 이라고도 할 수 있어.

각의 크기에 따라 분류해 볼까요?

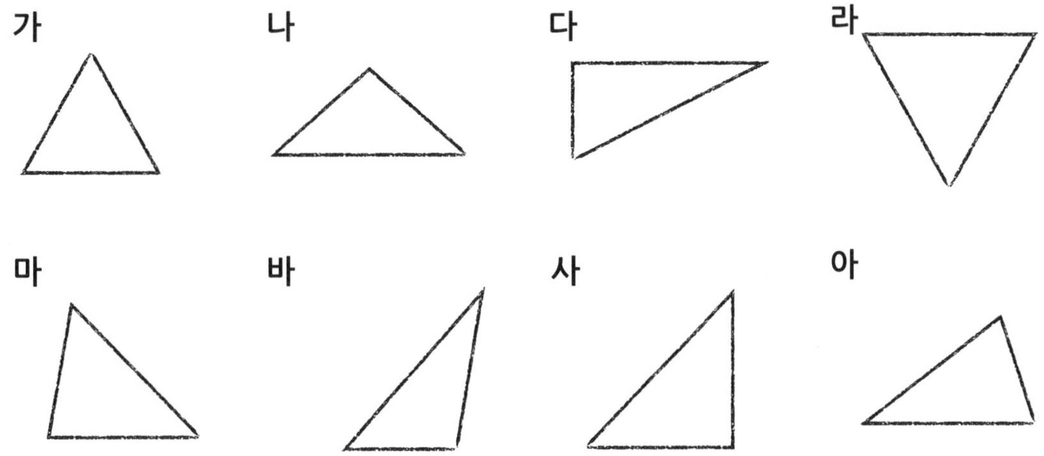

예각삼각형	직각삼각형	둔각삼각형
가, 라, 마, 아	다, 사	나, 바

삼각형을 두 가지 기준으로 분류해 볼까요?

	예각삼각형	직각삼각형	둔각삼각형
이등변삼각형	가, 라, 아	사	나
정삼각형	가, 라		
변의 길이가 모두 다른 삼각형	마	다	바

정삼각형은 세 각이 모두 60°인 예각이므로 예각삼각형이에요.

- 정삼각형은 항상 예각삼각형이에요.
- 이등변삼각형은 각의 크기에 따라 예각삼각형, 둔각삼각형, 직각삼각형이 될 수 있어요.

06 수직을 알고 수선 긋기

흠…
가징아,
뭐 해?
지금 수선을
그어야 하는데
어려워서 말이야.
끙
수선?
응.
이 선에 수직으로
만나는 선을
그으려고 해.
아, 참!
그 선을 수선이라고
하지.
휙

● 무엇을 배울까요? 수직과 수선을 이해하게 합니다.
삼각자와 각도기를 사용하여 주어진 직선에 대한 수선을 그어 보게 합니다.

● 언제 배울까요? 초등학교 4학년 2학기 삼각형 단원, 사각형 단원에서 배워요.

맞아. 그런데 직각 삼각자가 없어서 그리지 못하고 있어.
그럼 혹시 집에 각도기는 있어?
씨익
각도기는 여기 있어.
각도기로도 수선을 그을 수 있어.
척
정말?
깜짝

그어진 직선 위에 90도가 되는 눈금에 점을 찍고~
90
점 부분을 이어서 그려 주면~
자~ 수선이 그어졌어.
우와~ 정말이네.
깜짝
직각 삼각자가 없더라도 각도기가 있으면 만들 수 있구나.
응~ 히히.
탁
고마워. 토리야.
감동

그런데 그건
왜 그리고 있었던
거야?
히히~
여기에다가 네모틀을
그려 주고~
앗!
색칠까지 하면
창문이 되잖아.
집을 그리고
있었거든.
그렇구나~
다 그렸어.
짜잔~
하하~
정말 멋진 집이구나.
활짝

수직을 알고 수선 긋기

- 두 직선이 만나서 이루는 각이 직각일 때, 두 직선은 서로 수직이라고 합니다.
- 두 직선이 서로 수직으로 만나면, 한 직선을 다른 직선에 대한 수선이라고 합니다.

두 직선이 만나서 이루는 각을 살펴볼까요?

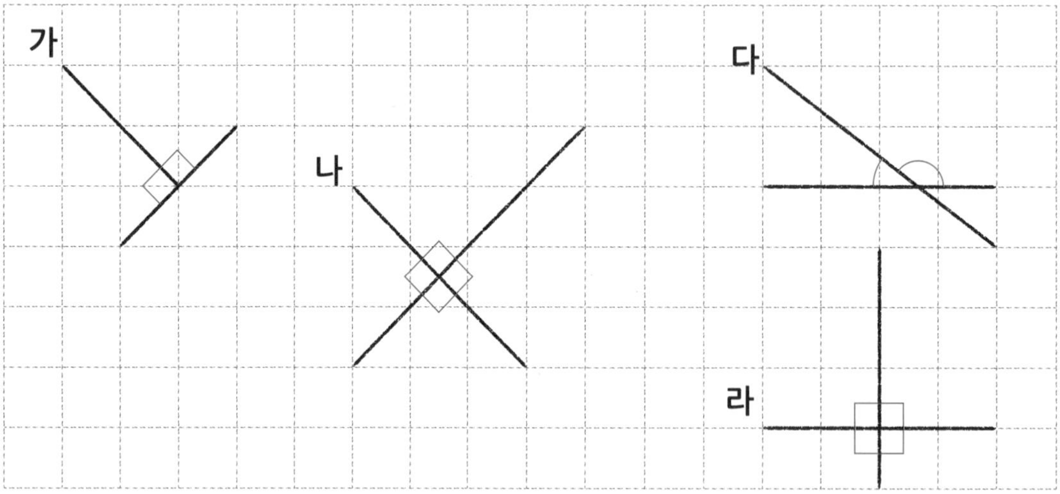

가, **나**, **라**와 같이 두 직선이 만나서 이루는 각이 직각일 때, 두 직선은 서로 수직이라고 해요.
두 직선이 서로 수직으로 만나면 한 직선을 다른 직선에 대한 수선이라고 해요.

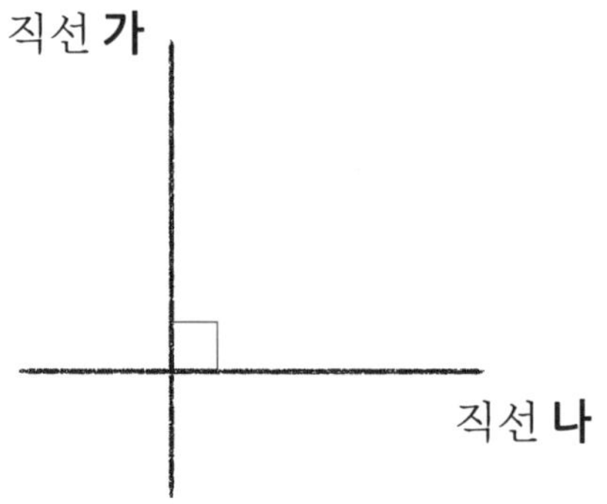

- 직선 **가**와 직선 **나**는 서로 수직이에요.
- 직선 **가**는 직선 **나**에 대한 수선이에요.
- 직선 **나**는 직선 **가**에 대한 수선이에요.

직각 삼각자를 사용해서 수선을 그어 볼까요?

삼각자에서 직각을 낀 변 중 한 변을 주어진 직선에 맞추고 직각을 낀 다른 한 변을 따라 선을 그어요.

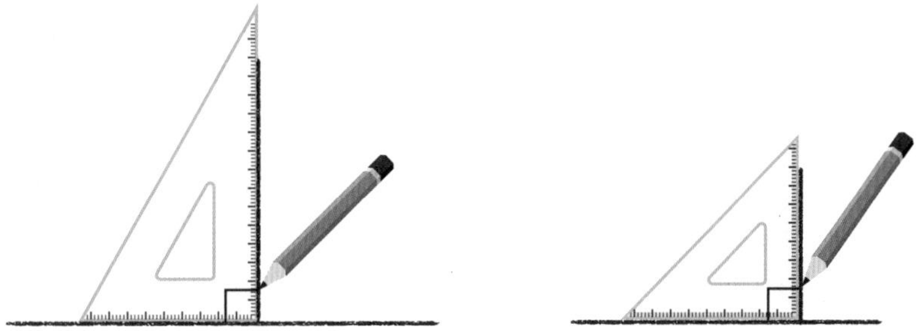

각도기를 사용해서 수선을 그어 볼까요?

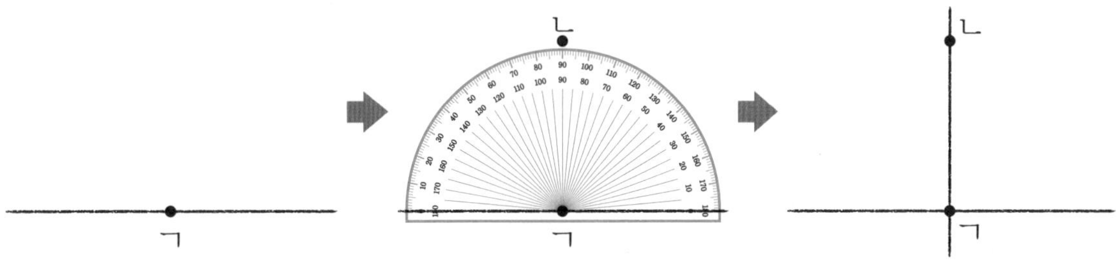
ㄱ
ㄴ
ㄱ
ㄴ
ㄱ

① 주어진 직선 위에 점 ㄱ을 찍어요.
② 각도기의 중심을 점 ㄱ에 맞추고 각도기의 밑금을 주어진 직선과 일치하도록 맞춰요.
③ 각도기에서 90°가 되는 눈금 위에 점 ㄴ을 찍어요.
④ 점 ㄱ과 점 ㄴ을 직선으로 이어요.

직각이 있는 물건을 이용해서
수선을 그을 수도 있어.

07 평행을 알고 평행선 긋기

얘들아,
여기야~
우아~
이게 기찻길이구나.

기찻길이
엄청 길어.
맞아.

맞아. 기찻길은 엄청 길지만
이 두 철길은 절대 만나지 않아.
척

● 무엇을 배울까요? 평행과 평행선을 이해하게 합니다. 삼각자를 사용하여 주어진 직선과 평행한 직선을 긋는 방법을 알게 하고 그어 보게 합니다.
한 점을 지나고 주어진 직선과 평행한 직선을 그어 보게 합니다.

● 언제 배울까요? 초등학교 4학년 2학기 삼각형 단원, 사각형 단원에서 배워요.

앗!
그건 두 선이 평행선이기
때문이지?
번쩍
맞아.
평행선이라고?
긁적
긁적
응. 한 직선에 수직인
두 직선을 그었을 때
서로 만나지 않는 두 직선을
평행하다고 해.
직선

그리고 서로 평행한 두 직선을 평행선이라고 하잖아.
그렇구나.
활짝
그것처럼 이 기찻길도 두 선이 평행하니까 만나지 않는 거구나.
맞아.
척
히히~ 신기해.
씨익
기찻길 걷는 것도 정말 재미있어.

얘들아, 조심해!
기차가 바로
뒤에 오고 있어.
척
뭐라고!
뜨헉
흐이익!
큰일이야.
휙
엥?
뭐지?
기차가 안 오잖아.
킥킥~ 이 기찻길은
기차가 다니지 않고 사람들이 다니는
체험 기찻길이야.
씨익
끄응.
또 속았군.
기차가
다니는 기찻길은 절대
들어가면 안 돼.
빠직

평행을 알고 평행선 긋기

▶ 서로 만나지 않는 두 직선을 평행하다고 합니다. 이때 평행한 두 직선을 평행선이라고 합니다.

서로 만나지 않는 두 직선을 찾아볼까요?

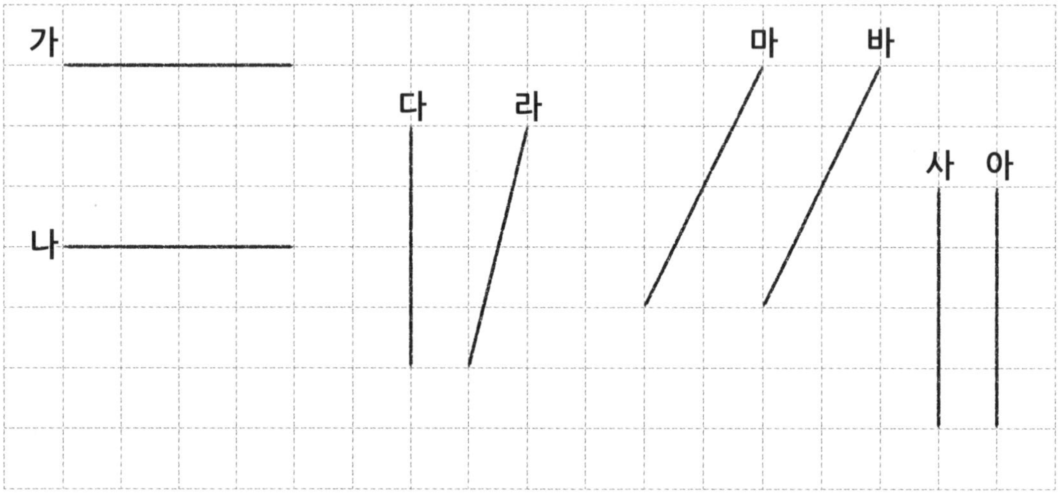

직선을 길게 이어 그어 보면 직선 **다**와 **라**는 만나요.
서로 만나지 않는 두 직선을 평행하다고 해요.
평행한 두 직선을 평행선이라고 해요.

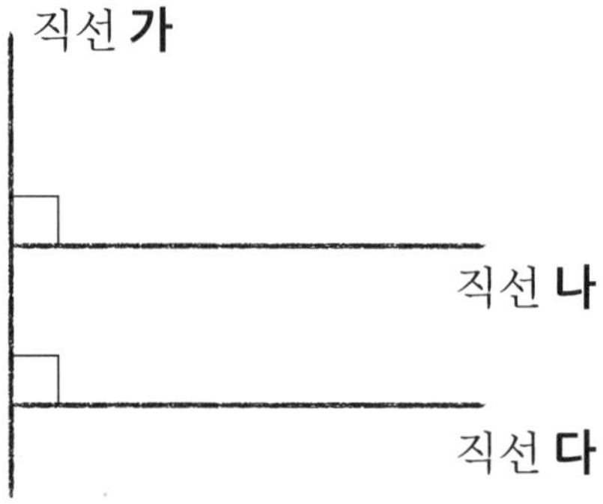

- 직선 **가**에 수직인 두 직선 나와 다는 서로 만나지 않아요.
- 서로 만나지 않는 두 직선 **나**와 **다**를 평행하다고 해요.
- 서로 평행한 직선 **나**와 **다**를 평행선이라고 해요.

직각 삼각자를 사용해서 평행선을 그어 볼까요?

그림과 같이 직각 삼각자 2개를 놓은 후 한 삼각자를 고정하고 다른 삼각자를 움직여서 평행선을 그을 수 있어요.

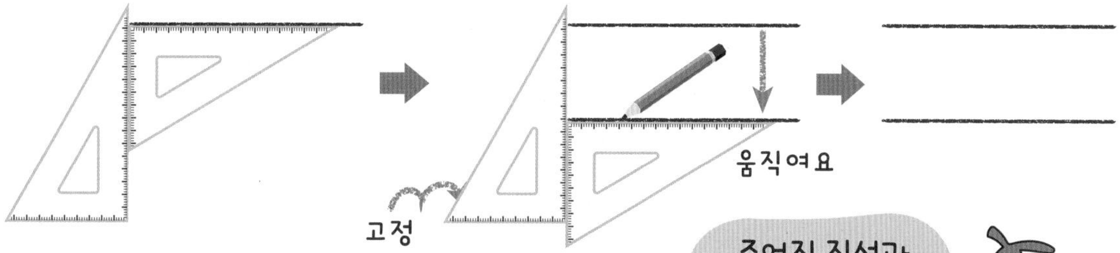
고정
움직여요

주어진 직선과 평행한 직선은 셀 수 없이 많아.

한 점을 지나고 주어진 직선과 평행한 직선을 그어 볼까요?

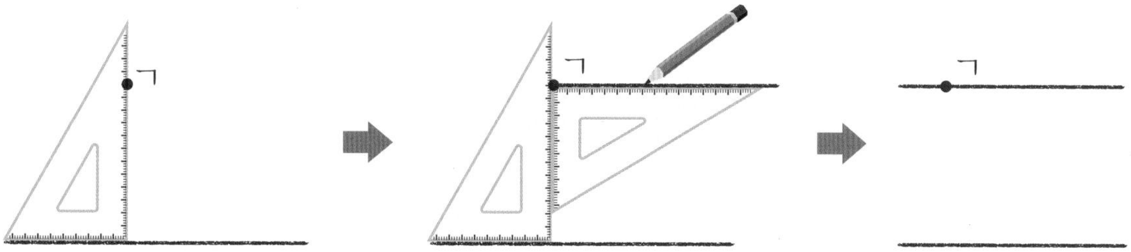
ㄱ
ㄱ
ㄱ

① 삼각자의 한 변을 직선에 맞추고, 다른 한 변이 점 ㄱ을 지나도록 놓아요.
② 다른 삼각자를 사용하여 점 ㄱ을 지나고 주어진 직선과 평행한 직선을 그어요.

점 ㄱ을 지나고 주어진 직선과 평행한 직선은 1개뿐이야.

평행선은 기찻길처럼 아무리 길게 그어도 만나지 않아.

08 평행선 사이의 거리

체로야,
뭘 재고 있는 거야?
토리야~
편지를
쓰려고 종이에
선을 그었거든.
그런데 선 사이 간격이
너무 넓은 것 같아서 말이야.
한번
재어 보고 간격을
줄여서 다시
그릴 거야.
앗!
그럼 평행선 사이의
거리를 재면 되겠구나.

● 무엇을 배울까요? 평행선 사이의 거리를 이해하고, 주어진 평행선 사이의 거리를 재어 보게 합니다.
평행선 사이의 거리가 주어진 길이만큼 되도록 평행선을 그어 보게 합니다.

● 언제 배울까요? 초등학교 4학년 2학기 삼각형 단원, 사각형 단원에서 배워요.

평행선 사이의 거리?
응.
네가 칸을 그은 선은
다 평행선이잖아.
응.
평행선에는
다양한 길이의
선이 있지만
평행선의 한 직선에서
다른 직선에 수선을 그었을 때
이 수선의 길이를
평행선 사이의 거리라고
하거든.
평행선 사이의 거리

종이에 그어진 이 두 선의 길이를 재어 보면 돼.
그런 다음, 길이를 줄여서 다시 편지의 선을 그으면 돼.
오옷! 그렇구나.
한번 재어 볼게.
3 cm
평행선 사이의 거리가 3 cm야.
그럼 이걸 조금 더 줄여서 2 cm 간격으로 다시 그려야지!
방긋

히히~
그런데 누구한테 쓰는
편지야?
궁금
궁금
실은 말이야~
내가 과일반의 딸기를
짝사랑하게 되었거든.
그래서 고백 편지를
쓰는 거야.
넌 우리 집에
무슨 일로 왔어?
그게 말이야.
과일반 딸기랑 쵸배랑
사귄다는 이야기를
해 주려고 왔어.
긁적
긁적
긁적
뜨헉!
뭐라고?
불쌍한 체로.
흑흑흑흑
흑흑흑흑

평행선 사이의 거리

▶ 평행선의 한 직선에서 다른 직선에 수선을 긋습니다. 이때 이 수선의 길이를 평행선 사이의 거리라고 합니다.

평행선 사이의 거리는 어떤 선분의 길이를 말할까요?

서로 만나지 않는 두 직선을 그었어요.
이 두 직선 위의 두 점을 잇는 선분을 긋고 길이를 재 보세요.

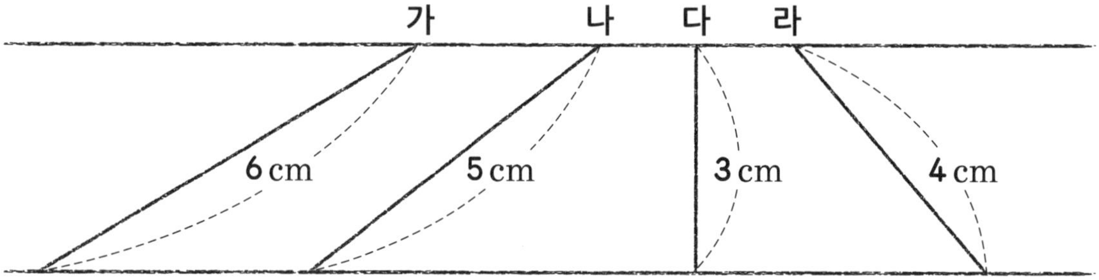

평행선 사이에 그은 선분 **가**, **나**, **다**, **라** 중 길이가 가장 짧은 선분은 길이가 3 cm인 '선분 **다**'예요.
'선분 **다**'를 자세히 살펴보면 평행한 직선과 수직으로 만나요.
이렇게 평행선의 한 직선에서 다른 직선에 수선을 그었을 때
이 수선의 길이를 평행선 사이의 거리라고 해요.

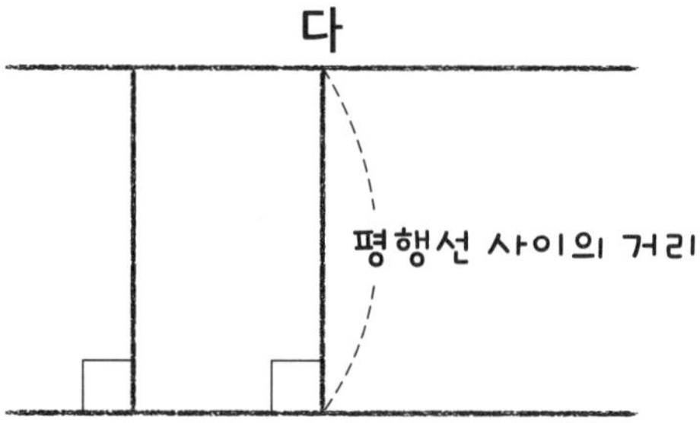

두 직선의 평행선 사이의 거리는 모두 같아요.

평행선 사이의 거리를 재어 볼까요?

평행선 사이의 거리를 잴 때는 한 직선에서 다른 직선에 수선을 긋고, 그 수선의 길이를 재야 해요.

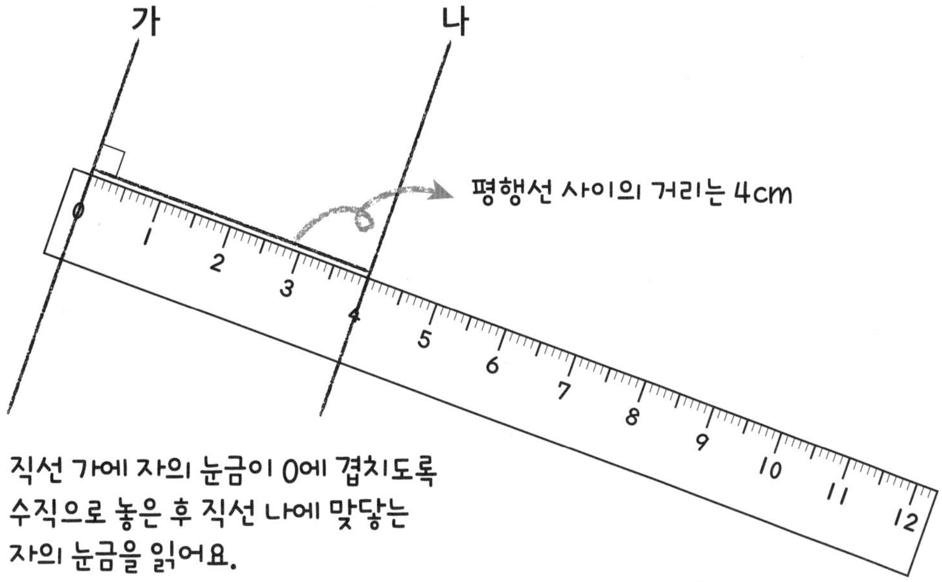

가
나
평행선 사이의 거리는 4cm
0 1 2 3 4 5 6 7 8 9 10 11 12
직선 가에 자의 눈금이 0에 겹치도록 수직으로 놓은 후 직선 나에 맞닿는 자의 눈금을 읽어요.

평행선 사이의 거리가 5 cm가 되도록 평행선을 그어 볼까요?

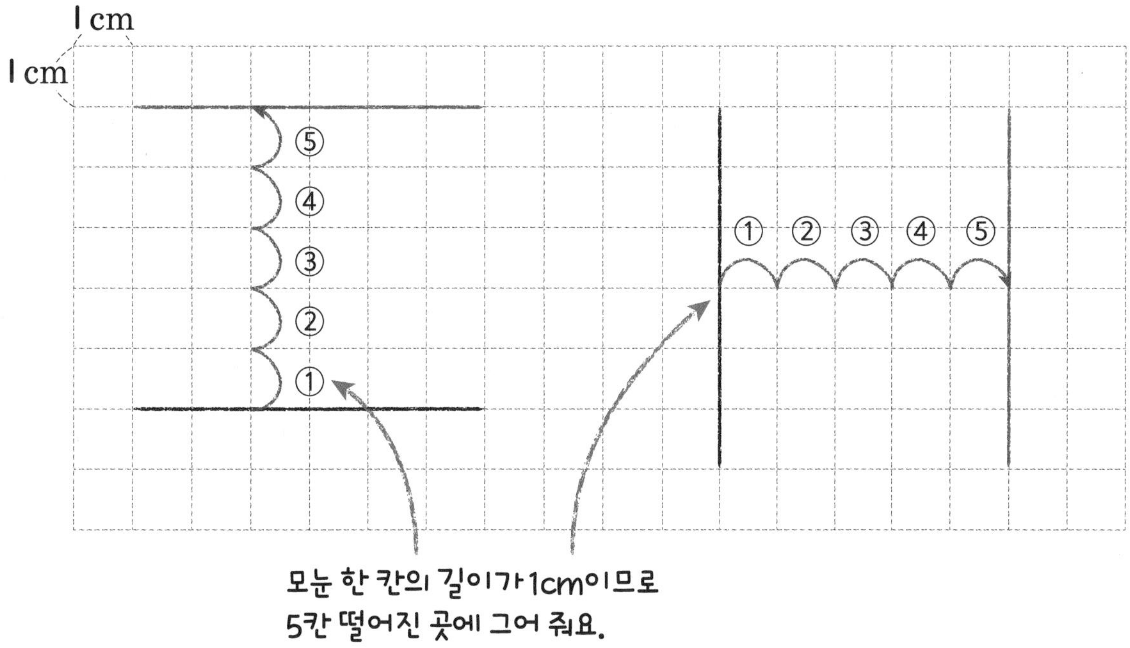

1 cm
1 cm
⑤
④
③
②
①
① ② ③ ④ ⑤
모눈 한 칸의 길이가 1cm이므로 5칸 떨어진 곳에 그어 줘요.

09 사다리꼴, 평행사변형, 마름모

쵸배야~
가징아,
어디 가는 길이야?
집에 거울이 깨져서
새로 사러 가는 길이야.
그렇구나.
인터넷에 검색해 보니까
지금 가는 거울 가게에
다양한 모양의 거울들이
많대.

● 무엇을 배울까요? 종이띠를 잘라서 여러 가지 사다리꼴을 만들어 보게 합니다.
평행사변형과 마름모의 여러 가지 성질을 조작 활동을 통해 확인하게 합니다.
주어진 선분을 사용하여 평행사변형과 마름모를 완성하게 합니다.

● 언제 배울까요? 초등학교 4학년 2학기 삼각형 단원, 사각형 단원에서 배워요.

정말? 나도 같이 갈래.
그래! 빨리 가자.
바로 이 가게야.
우아~ 정말 다양한 모양의 거울들이 많구나.
휙
휙

저 거울 좀 봐.
사다리꼴 모양의 거울이야.
사다리꼴?
방긋
응. 저것처럼 평행한 변이 한 쌍이라도 있는 사각형을 사다리꼴이라고 해.
앗! 저 거울들은 평행사변형이구나.
저것들이 전부?
응. 모두 마주 보는 두 쌍의 변이 서로 평행한 사각형을 평행사변형이라고 하거든.

그렇구나.
그래서
어떤 거울을
살 거야?
음…
고민
고민
오잉?
휙
앗!
저 거울도
신기하게 생겼어.
앗! 저건 바로
마름모 모양이야.

네 변의 길이가
모두 같은 사각형을
마름모라고 하거든.
그렇구나.
음~
이제 결정만
하면 되는군.
좋아!
결정했어.
내가 살 거울은
바로~
척
마름모 모양의
거울이야.

히히~ 얼른 사서 집에 걸어 보자!
방긋
엥?
갑자기 왜 그래? 빨리 사서 집에 가자.
그게 말이야.
긁적
긁적
거울은 골랐는데 지갑을 집에 놔 두고 왔어.
뭐라고?
뜨헉
끄응. 지금까지 우리 뭐 한 거지?

사다리꼴, 평행사변형, 마름모

- 평행한 변이 한 쌍이라도 있는 사각형을 사다리꼴이라고 합니다.
- 마주 보는 두 쌍의 변이 서로 평행한 사각형을 평행사변형이라고 합니다.
- 네 변의 길이가 모두 같은 사각형을 마름모라고 합니다.

사각형을 평행한 변이 있는 것과 없는 것으로 분류해 볼까요?

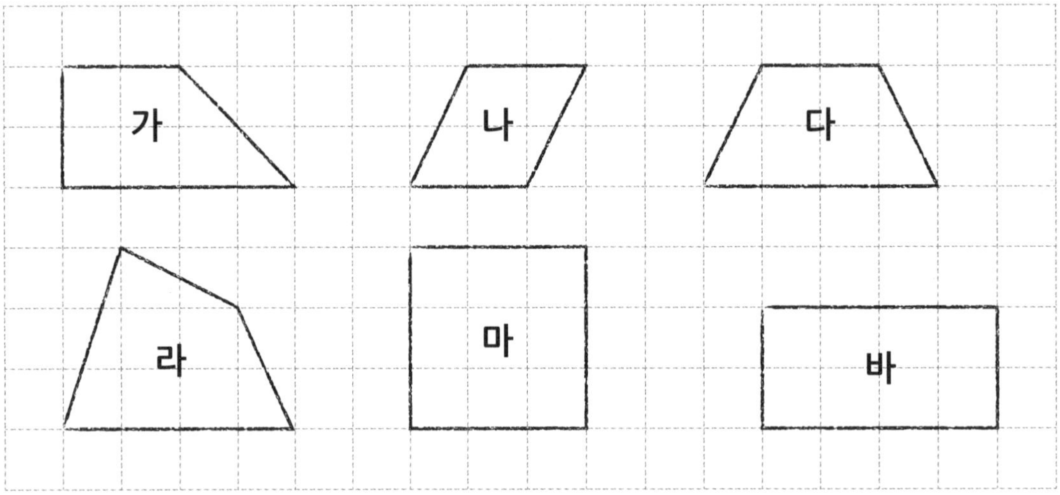

가
나
다
라
마
바

평행한 변이 있는 사각형	평행한 변이 없는 사각형
가, 나, 다, 마, 바	라

가, **나**, **다**, **마**, **바**와 같이
평행한 변이 한 쌍이라도 있는
사각형을 사다리꼴이라고 해요.

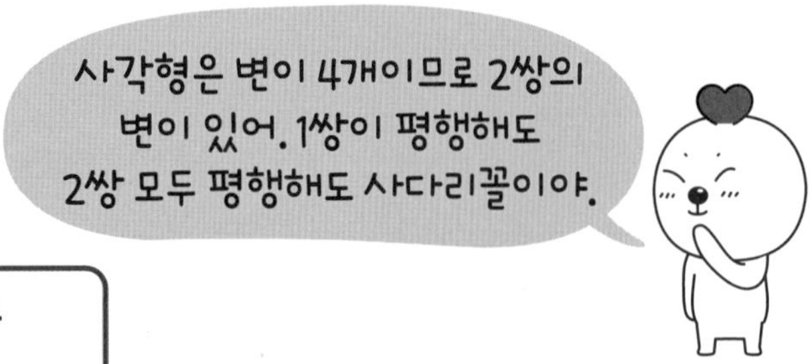

사각형은 변이 4개이므로 2쌍의 변이 있어. 1쌍이 평행해도 2쌍 모두 평행해도 사다리꼴이야.

- 평행한 변이 한 쌍인 사각형: **가, 다**
- 평행한 변이 두 쌍인 사각형: **나, 마, 바**

사각형을 평행한 변의 수에 따라 분류해 볼까요?

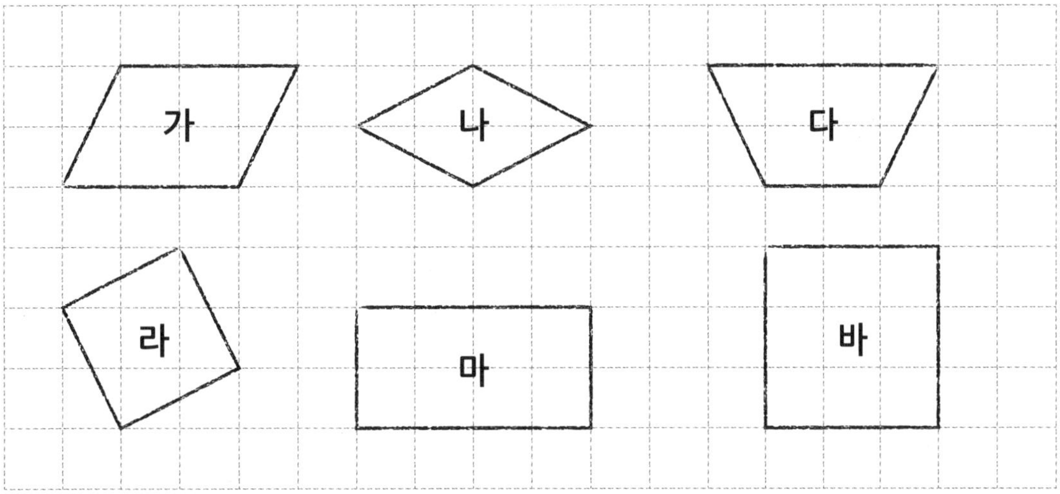

가
나
다
라
마
바

평행한 변이 1쌍만 있는 사각형	평행한 변이 2쌍인 사각형
다	가, 나, 라, 마, 바

가, **나**, **라**, **마**, **바**와 같이 평행한 변이 두 쌍인 사각형을 평행사변형이라고 해요.
마주 보는 두 변의 길이가 같고, 마주 보는 두 각의 크기도 같아요.
이웃한 두 각의 크기의 합은 180°예요.

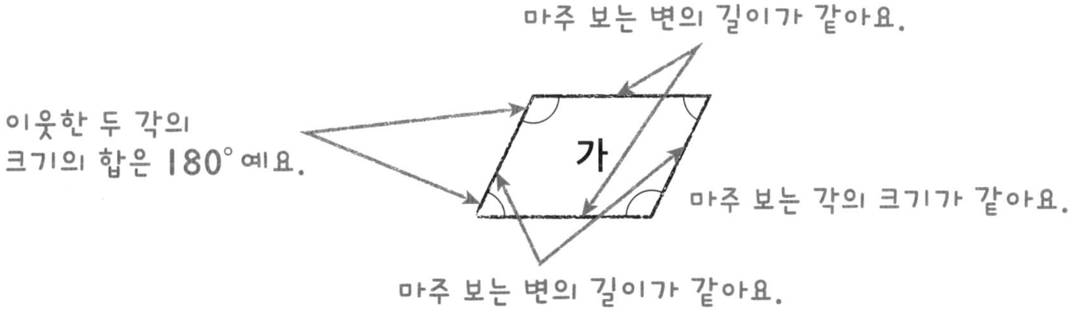

마주 보는 변의 길이가 같아요.
이웃한 두 각의 크기의 합은 180° 예요.
가
마주 보는 각의 크기가 같아요.
마주 보는 변의 길이가 같아요.

위의 사각형 중에서 네 변의 길이가 모두 같은 **나**, **라**, **바**와 같은 사각형을 마름모라고 해요.

평행사변형과 마름모를 구분할 수 있겠어?

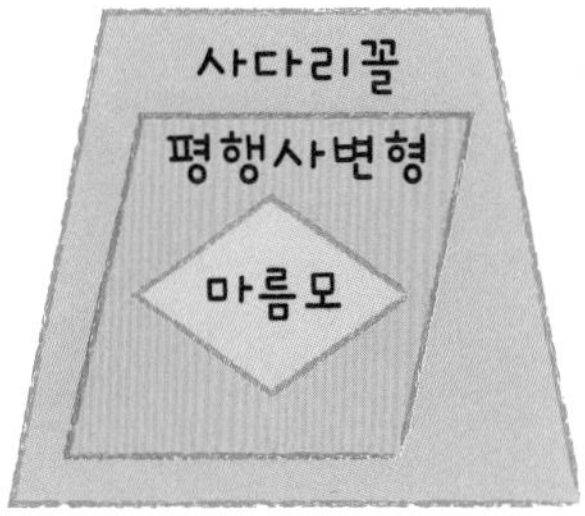

사다리꼴
평행사변형
마름모

10 직사각형과 정사각형의 성질

아니야!
맞아!
오잉?
너희들 부엌에서
왜 싸우고 있어?
접시 때문에
말이야.
접시?
내가 만두 담을
접시를 꺼냈는데 접시 모양이
사각형이더라고.

● 무엇을 배울까요? 직사각형과 정사각형의 성질을 조작 활동을 통해 확인하게 합니다.
막대로 직사각형과 정사각형을 만들어 보게 합니다.
여러 가지 사각형의 성질과 관련된 문제를 해결하게 합니다.

● 언제 배울까요? 초등학교 4학년 2학기 삼각형 단원, 사각형 단원에서 배워요.

그래서 난 사각형 중에서도 네 각의 크기와 네 변의 길이가 같은 정사각형이라고 했거든.
아니야. 네 각의 크기가 같고 마주 보는 변의 길이가 같은 직사각형이야.
그럼 싸우지 말고 직접 재어 보자.
그래! 한번 재어 보자.

우선 각의 크기는 모두 90도로 똑같고~
자로 재 보니 네 변의 길이가 같아.
10 cm
10 cm
10 cm
10 cm
그러니까 이 접시의 모양은 정사각형이야!
번쩍
어때? 내 말이 맞지?
그러네. 직접 재 보니까 알겠어.
그런데 너희들 만두 담을 접시라고 했잖아.

그런데 만두는 어디 있어?
만두는 지금 프라이팬으로 굽고 있는 중…
오잉?
쿵쿵
쿵쿵
뜨헉! 이건 타는 냄새잖아.
흐이익. 접시 모양을 보느라고 만두를 까맣게 잊고 있었어.
끄응…
결국 만두가 다 타 버렸네…
킥킥킥~ 접시는 도로 넣어 놓아야겠네~

직사각형, 정사각형의 성질

- 직사각형은 네 각의 크기가 같고, 마주 보는 변의 길이가 같습니다.
- 정사각형은 네 각의 크기가 같고, 네 변의 길이가 같습니다.

각의 크기와 변의 길이를 잘 살펴봐!

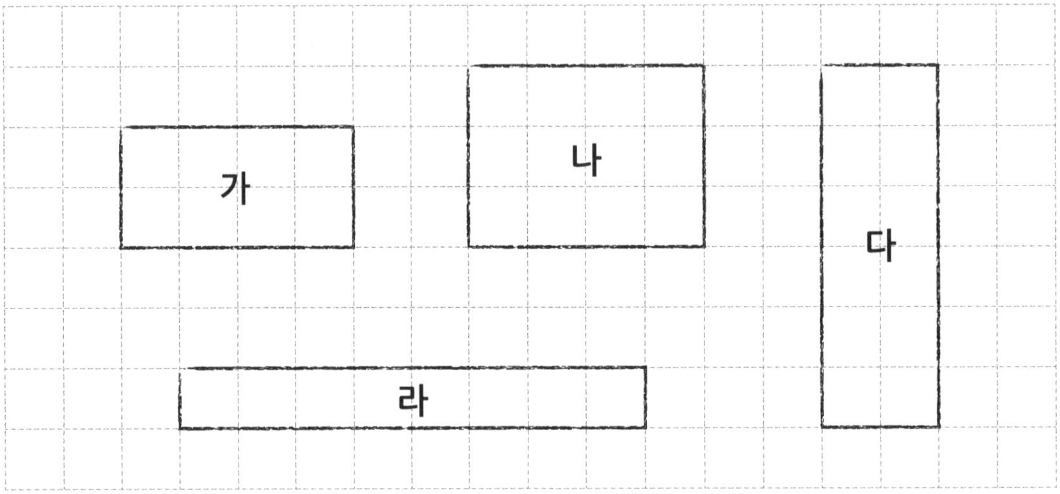

가
나
다
라

사각형 **가**, **나**, **다**, **라**는 직사각형이에요.
모눈의 가로선과 세로선은 서로 수직으로 만나고, 칸 수를 세어 변의 길이를 비교해 보면 아래 성질을 알 수 있어요.

직사각형의 성질

네 각이 모두 직각이에요.
마주 보는 변의 길이가 같아요.
마주 보는 두 쌍의 변이 서로 평행해요.

평행사변형도 마주 보는 두 쌍의 변이 서로 평행하고 마주 보는 두 변의 길이가 같지!

각의 크기와 변의 길이를 잘 살펴봐!

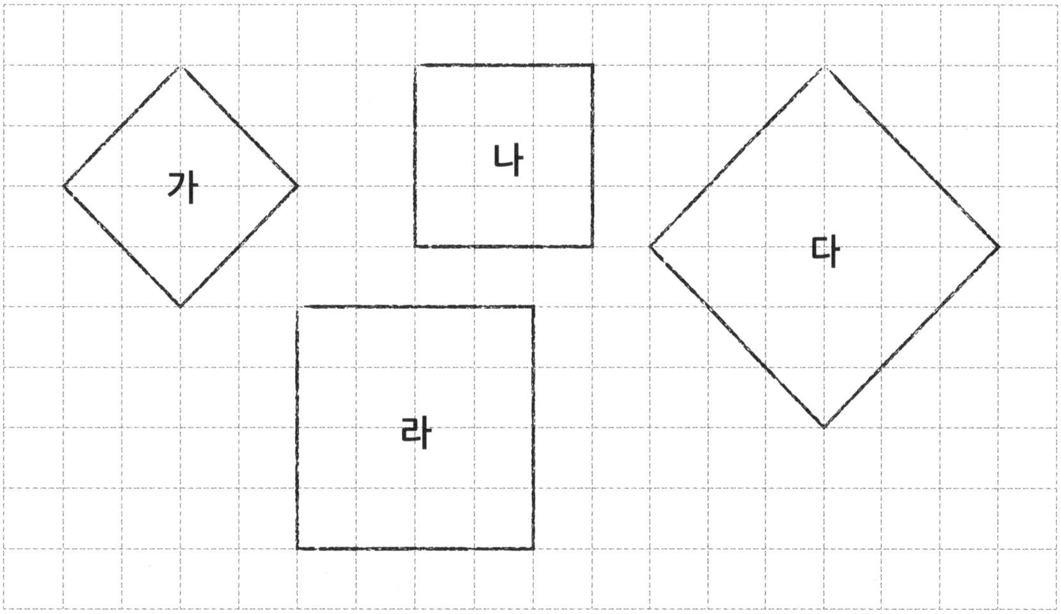

가
나
다
라

사각형 **가**, **나**, **다**, **라**는 정사각형이에요.
모눈의 가로선과 세로선은 서로 수직으로 만나고, 칸 수를 세어 변의 길이를 비교해 보면 아래 성질을 알 수 있어요.

정사각형의 성질

마주 보는 두 쌍의 변이 서로 평행해요.
네 변의 길이가 모두 같아요.
네 각이 모두 직각이에요.

정사각형은 항상 직사각형이라고 할 수 있지만
직사각형은 정사각형이라고 할 수 없어요.

네 변의 길이가 모두 같은 것은 마름모의 성질이기도 하지!

01 다각형과 정다각형

체로야,
뭐 하고 있어?
배찌구나~
히히~
이것 봐.
짜잔~
앗!
그건 도형자잖아.
응. 맞아.
활짝
조금 전에
문방구에 가서
사 왔어.
씨익

● 무엇을 배울까요? 다각형과 정다각형의 뜻과 이름을 알아보게 합니다.
다각형을 그려 보며 변과 꼭짓점의 수를 알아보게 합니다.
다각형과 정다각형을 찾아 보게 하고, 구성해 보게 합니다.

● 언제 배울까요? 초등학교 4학년 2학기 다각형 단원에서 배워요.

그래서 공책에 다각형을 그려 보고 있었어.
방긋
우아~ 정말 다양한 다각형들을 그렸구나.
척
앗! 정다각형들이네?
정다각형?
이것들은 변의 길이와 각의 크기가 같아서 이름에 정을 붙였어.

잠깐!
저건 다각형이
아니잖아.
다각형이
아니라고?
멈칫
휙
이것 봐.
연결되지 않은
부분이 있잖아.
연결되지
않은 부분이 있거나,
곡선이 있으면 다각형이
아니야.
앗! 이건 아직
내가 완성하지 못했어.
이렇게 선을 마저
그어 주면~
스윽
짠~
다각형이 되었어.
척
히히~ 맞아.

체로야, 나도 도형자를 빌려줄 수 있어?
앗! 안 그래도 내가 도형자를 사니까 사은품으로 다른 도형자를 하나 더 주더라고.
그거 너 줄게.
우아~ 정말?
자~ 여기 있어.
휙
오잉?
깜짝
이게 뭐야! 네모, 세모밖에 없는 자잖아. 끄응.
너무 고마워할 필요는 없어. 히히~

다각형과 정다각형

- 선분으로만 둘러싸인 도형을 다각형이라고 합니다.
- 다각형은 변의 수에 따라 이름을 붙입니다.
- 변의 길이가 모두 같고, 각의 크기가 모두 같은 다각형을 정다각형이라고 합니다.

삼각형, 사각형과 같이 선분으로 둘러싸인 도형을 살펴볼까요?

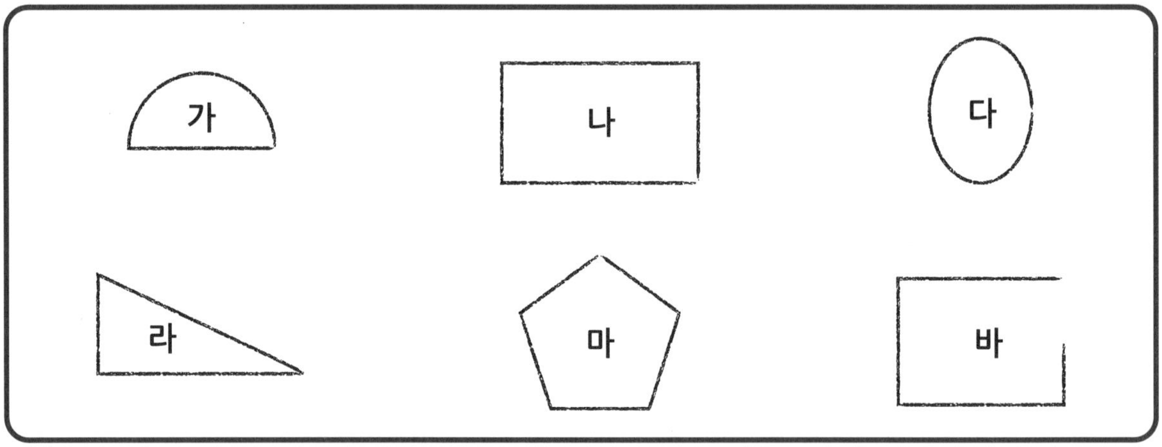

나, **라**, **마**와 같이 선분으로만 둘러싸인 도형을 다각형이라고 해요.
가와 **다**는 굽은 선이 있어서 다각형이 아니고, **바**는 둘러싸이지 않고 뚫린 부분이 있어서 다각형이 아니에요.

다각형을 변의 수에 따라 분류해 볼까요?

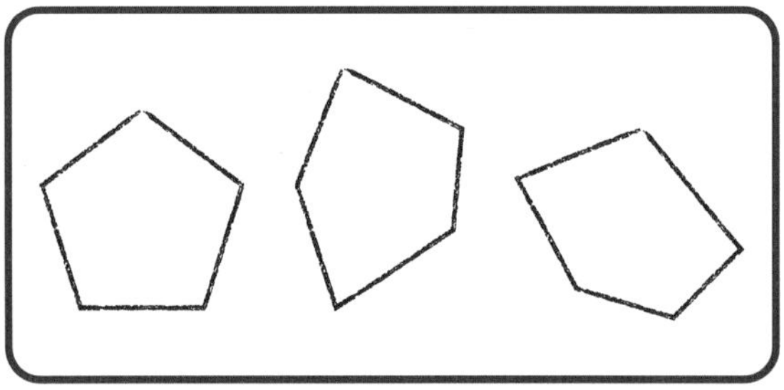

변이 5개인 다각형을 오각형이라고 해요.

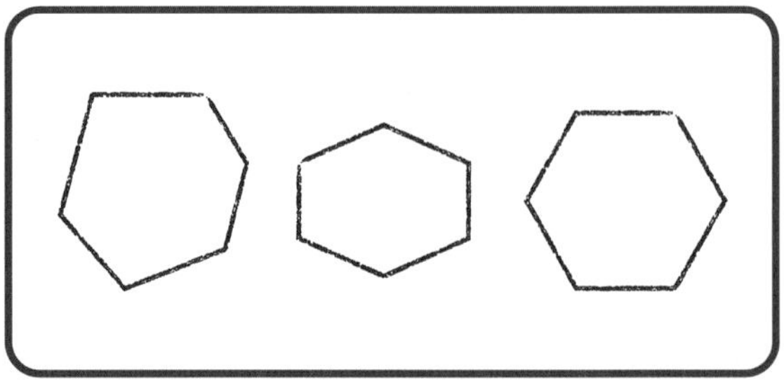

변이 6개인 다각형을 육각형이라고 해요.

다각형의 변의 길이와 각의 크기를 살펴볼까요?

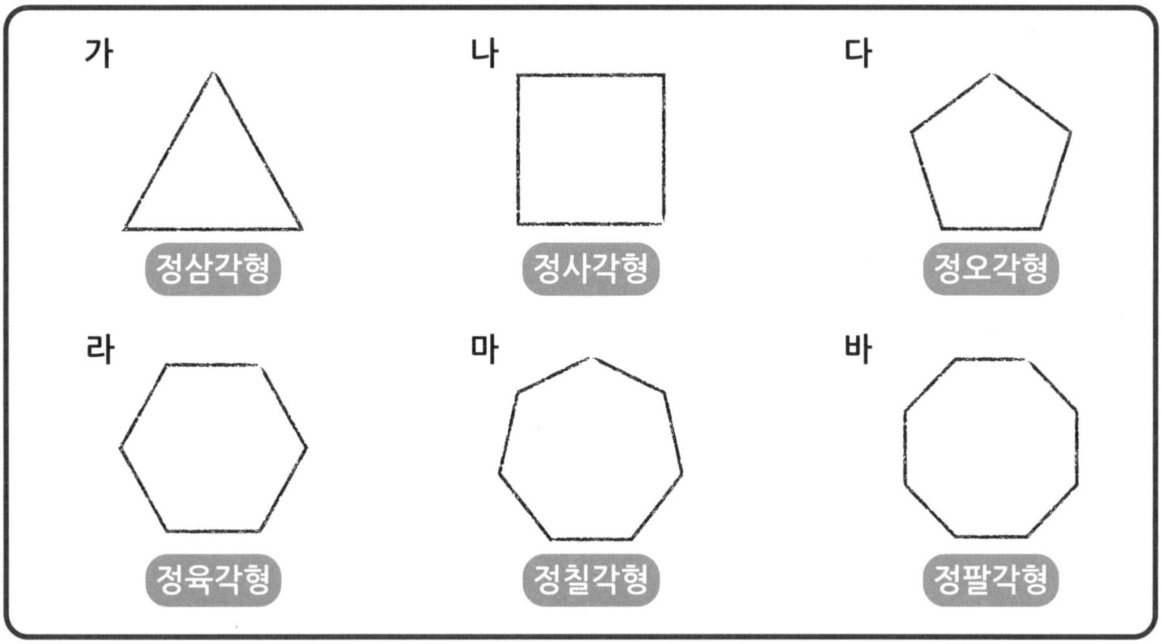

위의 도형들은 모두 변의 길이가 각각 같고, 각의 크기도 같아요.
이런 다각형을 정다각형이라고 해요.
변의 수에 따라 이름을 붙인 다각형에 '정'을 붙여 줘요.

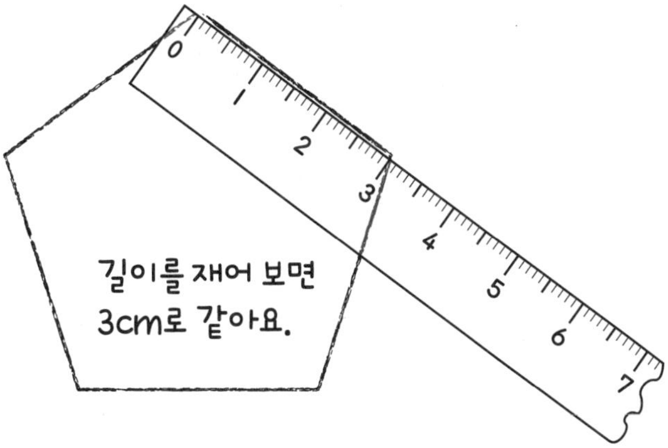

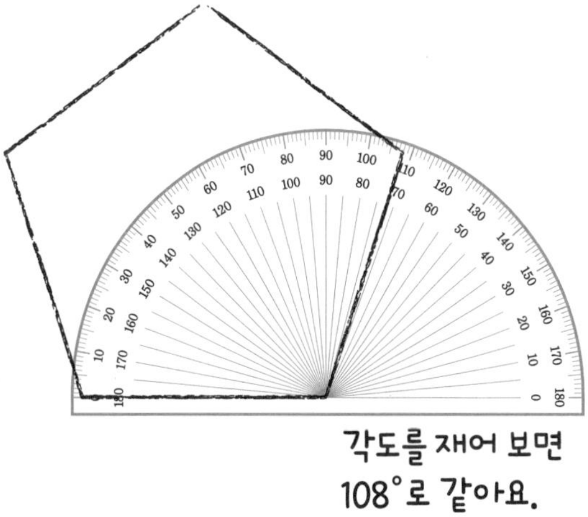

변의 길이는 모두 같지만 각의 크기가 모두 같지 않거나,
각의 크기는 모두 같지만 변의 길이가 모두 같지 않으면
정다각형이 아니에요.

02 대각선

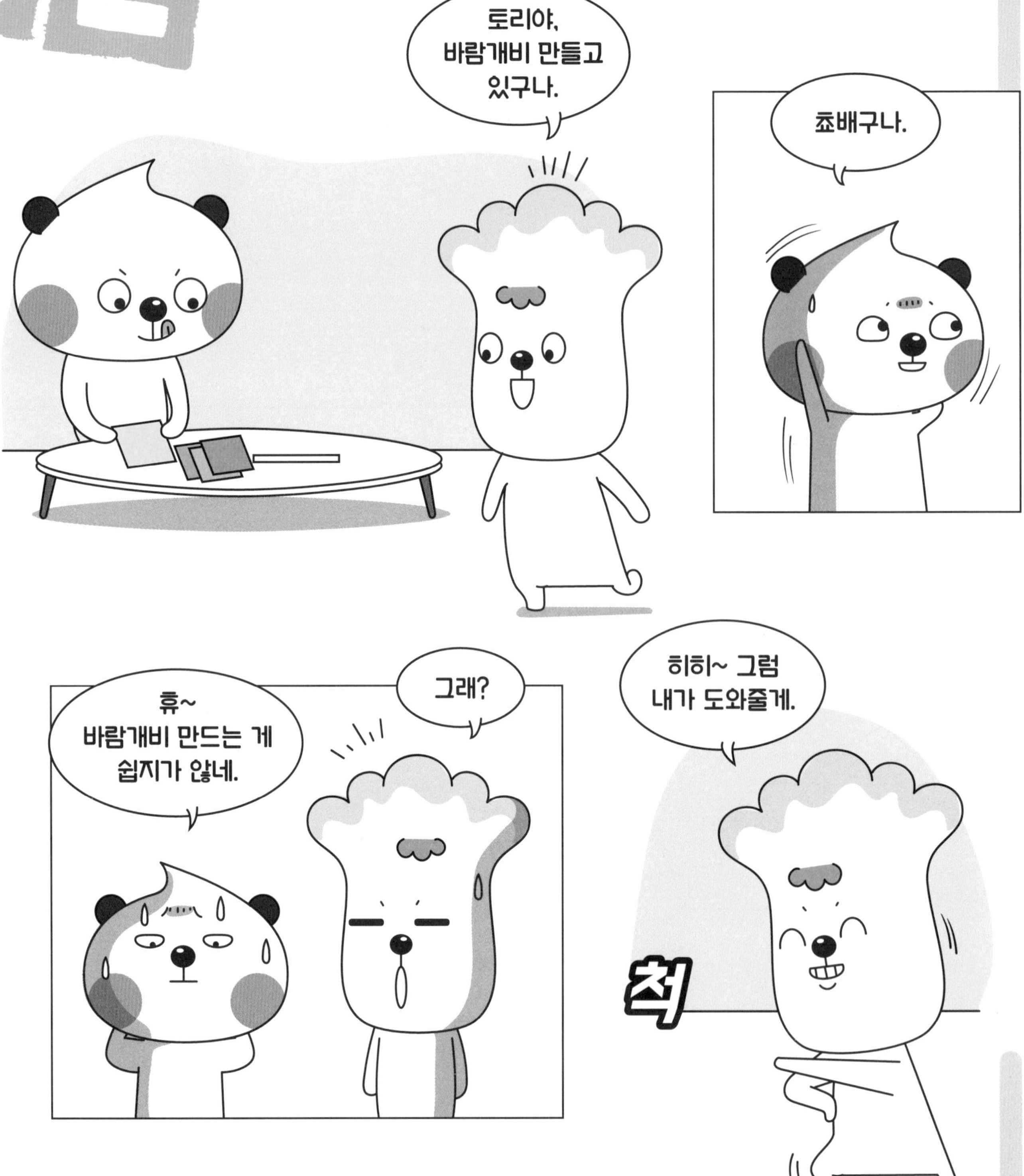
토리야,
바람개비 만들고 있구나.
쵸배구나.
휴~ 바람개비 만드는 게 쉽지가 않네.
그래?
히히~ 그럼 내가 도와줄게.
척

● 무엇을 배울까요? 대각선의 뜻을 알아보게 합니다. 여러 가지 다각형에 대각선을 그어 보며 개수와 성질을 알아보게 합니다. 대각선을 구성해 보게 합니다.

● 언제 배울까요? 초등학교 4학년 2학기 다각형 단원에서 배워요.

우선 이렇게 종이에 대각선을 그어 주고~
대각선?
응.
씨익
다각형에서 서로 이웃하지 않는 두 꼭짓점을 이은 선분을 대각선이라고 하잖아.
색종이로 바람개비를 만들 때, 대각선을 긋고 그 선을 따라 잘라서 만들면 돼.
척

이렇게
대각선을 자르고~
하나씩 끝을 잡고
접어 주는 거야.
4개의 날개를
모두 접어 주고~
가운데 압정을
막대와 꽂아서
연결 시켜 주면~
완성이야!
활짝
우와~
정말 쉽고 재미있어.
히히~
내 것도 하나
더 만들었어.

이제 나가서 바람개비를 돌리며 놀기만 하면 돼!
밖에 나가서?
응. 내가 바람개비 만들어서 넓은 들판에서 돌리는 날을 얼마나 기대했다고!
쵸배 덕분에 드디어 오늘 날릴 수 있겠어.
기대
기대
빨리 밖에 나가자.
근데 토리야,
지금 밖에 비가 엄청 오고 있어서 못 나가.
뜨헉!
그냥 입으로 불어야겠어.
시무룩

대각선

▶ 다각형에서 서로 이웃하지 않는 두 꼭짓점을 이은 선분을 대각선이라고 합니다.

다각형의 안쪽에 선을 그어 볼까요?

안쪽에 선을 긋는다고 변에서 시작해서 긋거나 하지 않고, 꼭짓점끼리 연결하는 선분을 그어야 해요.

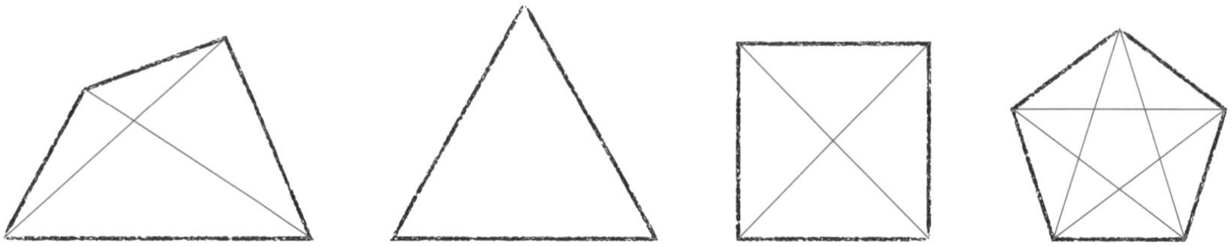

대각선을 그을 수 없어요.

위와 같이 다각형에서 서로 이웃하지 않는 두 꼭짓점을 이은 선분을 대각선이라고 해요. 삼각형은 모든 꼭짓점이 서로 이웃하고 있어 꼭짓점끼리 연결한 선분이 모두 도형의 변이에요.

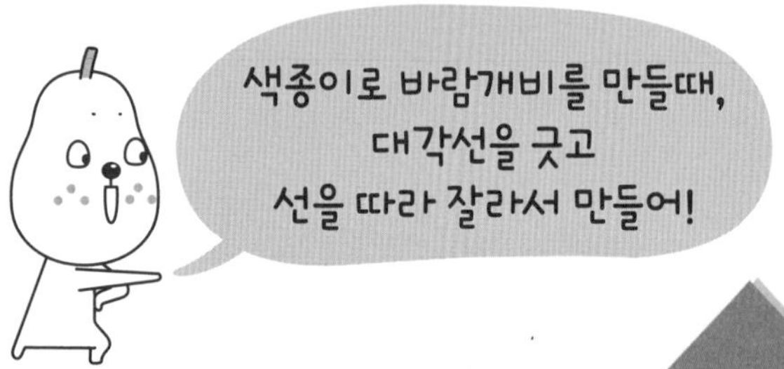
색종이로 바람개비를 만들때,
대각선을 긋고
선을 따라 잘라서 만들어!

그을 수 있는 대각선의 수를 세어 볼까요?

꼭짓점의 수가 많은 다각형일수록 더 많은 대각선을 그을 수 있어요.

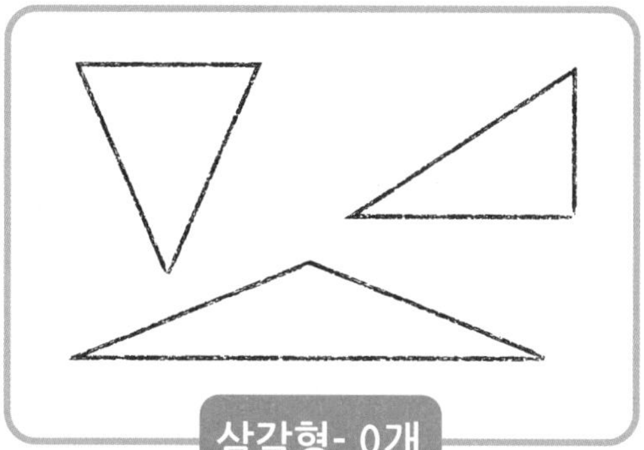

삼각형- 0개

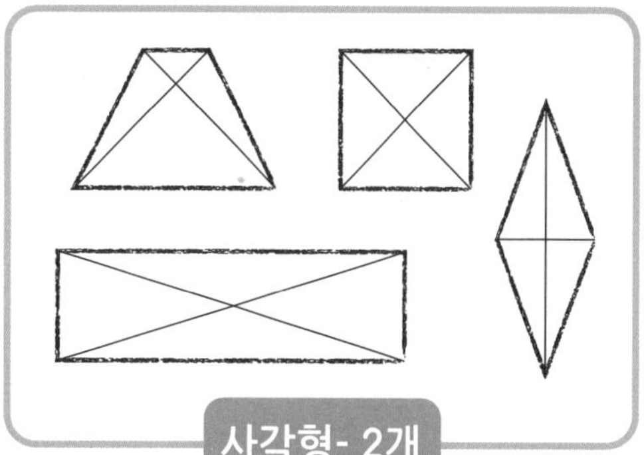

사각형- 2개

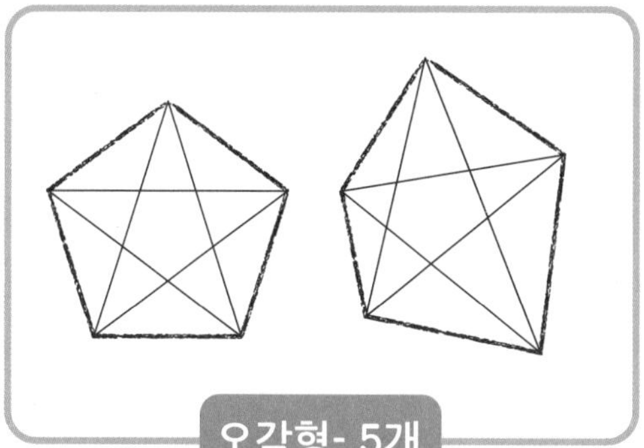

오각형- 5개

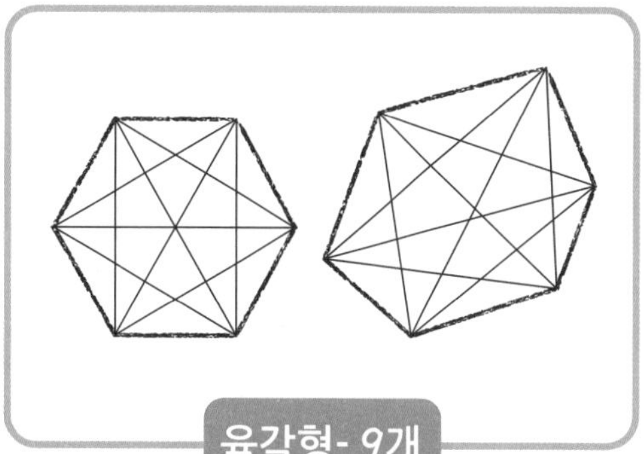

육각형- 9개

사각형의 대각선에는 어떤 특징이 있을까요?

- 모든 사각형에 그을 수 있는 대각선은 2개예요.
- 직사각형과 정사각형의 두 대각선은 길이가 같아요.
- 마름모와 정사각형의 두 대각선은 서로 수직으로 만나요.
- 평행사변형, 마름모, 직사각형, 정사각형의 한 대각선은 다른 대각선을 똑같이 둘로 나눠요.

평행사변형, 마름모, 직사각형,
정사각형에 대각선을 그어서
확인해 봐!

(대각선의 수)
=(꼭짓점의 수)×(한 꼭짓점에 그을 수 있는 대각선의 수)÷2
=(꼭짓점의 수)×(꼭짓점의 수−3)÷2

03 모양 만들기

자~
이제 준비 됐지?
응!
모양 조각을 이용해서 재미있는 모양들을 만들어 보자!
찡긋
응. 정말 재미있겠다!
번쩍
그 전에 우선 어떤 모양조각이 있는지 보자.
척

- 무엇을 배울까요? 모양 조각으로 만들어진 모양을 살펴보게 합니다. 모양 만들기의 규칙을 알아보게 합니다. 모양 조각으로 여러 가지 다각형과 모양을 만들어 보게 합니다.
- 언제 배울까요? 초등학교 4학년 2학기 다각형 단원에서 배워요.

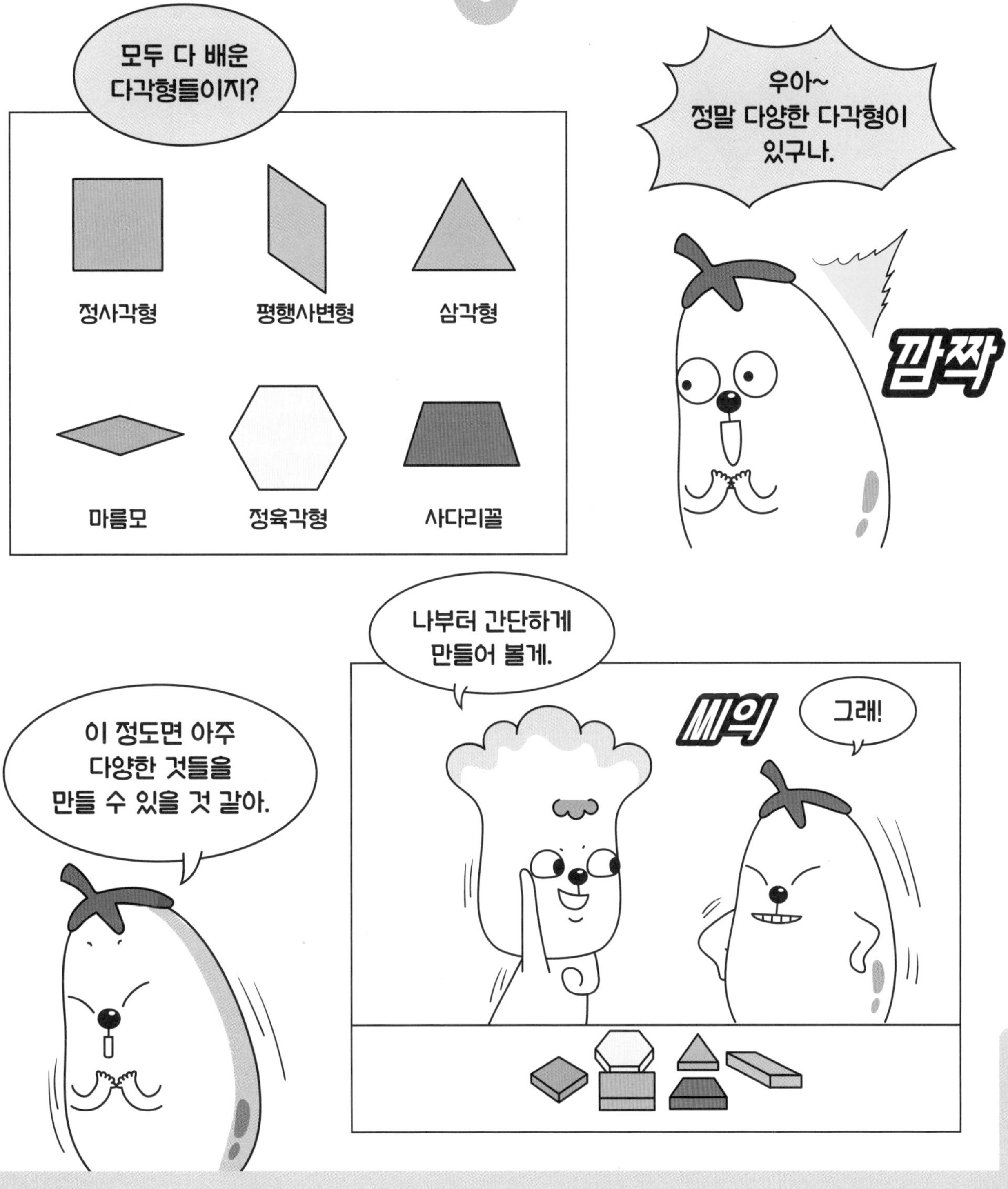
모두 다 배운 다각형들이지?
정사각형
평행사변형
삼각형
마름모
정육각형
사다리꼴
우아~ 정말 다양한 다각형이 있구나.
깜짝
나부터 간단하게 만들어 볼게.
씨익
그래!
이 정도면 아주 다양한 것들을 만들 수 있을 것 같아.

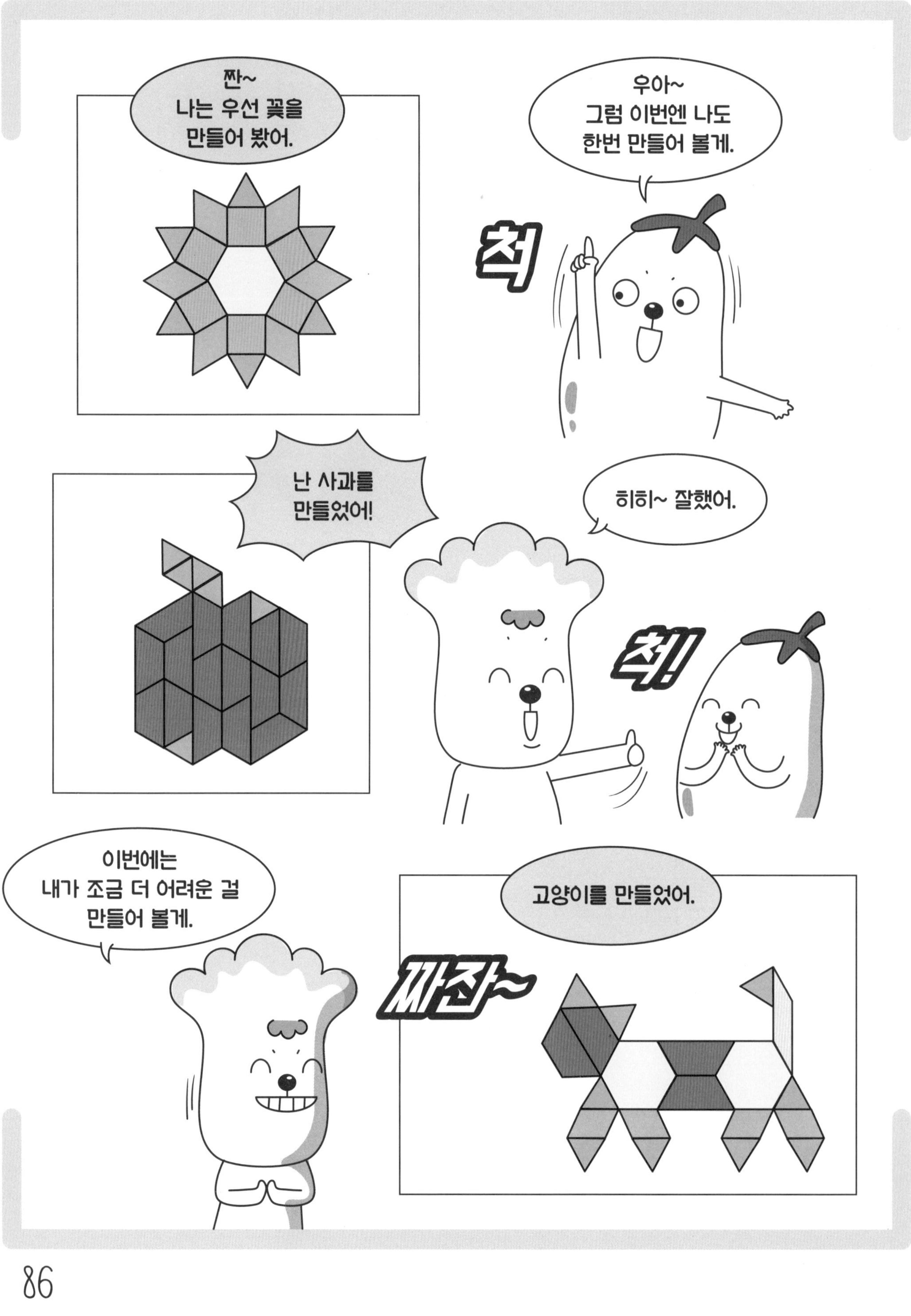
짠~
나는 우선 꽃을
만들어 봤어.
우아~
그럼 이번엔 나도
한번 만들어 볼게.
척
난 사과를
만들었어!
히히~ 잘했어.
척!
이번에는
내가 조금 더 어려운 걸
만들어 볼게.
고양이를 만들었어.
짜잔~

다각형으로 정말
다양한 것들을
만들 수 있구나~
좋아.
이번에는 또 뭘
만들어 볼까?
피자를
만들어 줘.
엥? 피자?
아무리 그래도
피자 모양은 못 만드는데…
그게 아니라 배가 고파서
진짜 피자를 먹고 싶거든.
냠냠~
끄응~
그런 말이었구나.
피자 만들어 줄 거지?
히히~
씨익

모양 만들기

▶ 모양 조각을 이용해서 변끼리 이어 붙게 놓아 여러 다각형을 만들 수 있습니다.

모양 조각으로 여러 가지 모양을 만들어 볼까요?

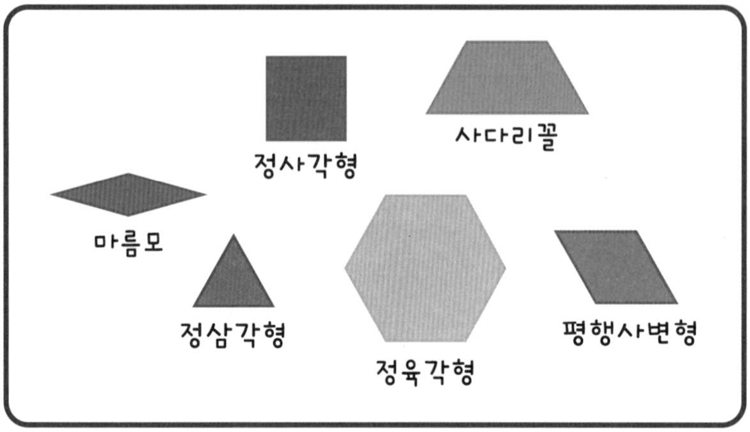

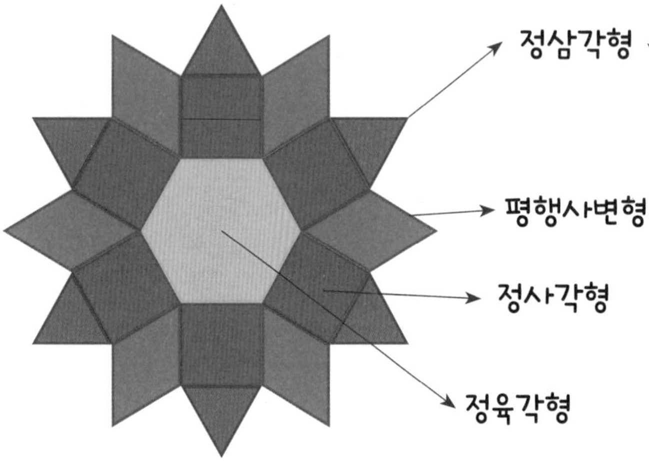

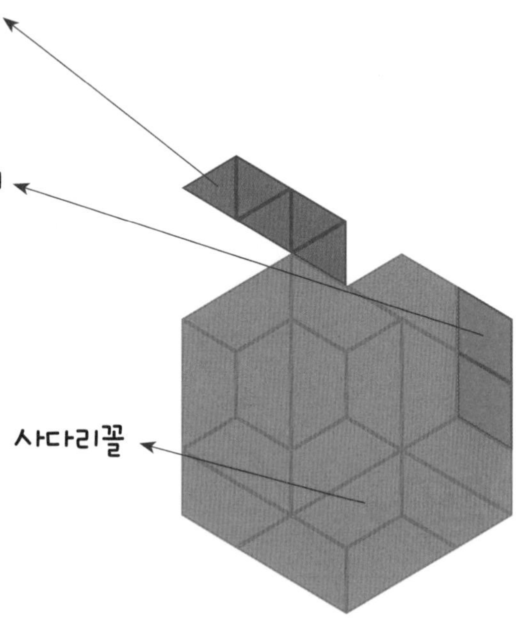

- 꼭짓점이 서로 맞닿도록 만들어요.
- 길이가 같은 변끼리 이어 붙여요.
- 모양 조각이 서로 겹치지 않게 만들어요.

모양 조각으로 다각형을 만들어 볼까요?

평행사변형 만들기

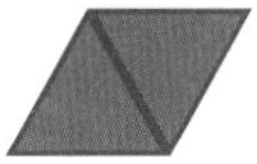

오각형 만들기

정육각형 만들기

정삼각형 6개로 만들었어요.

정다각형말고
다각형도 만들어 봐!

평행사변형 3개로 만들었어요.

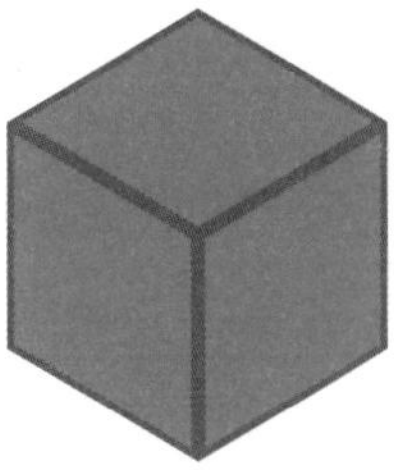

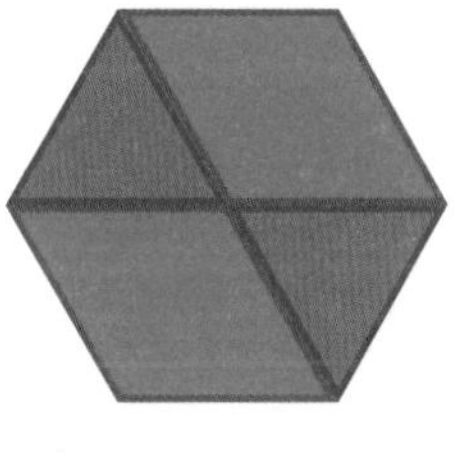

정삼각형 2개와 평행사변형 2개로 만들었어요.

사다리꼴 2개로 만들었어요.

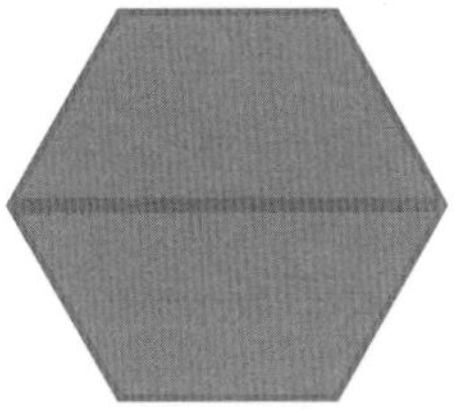

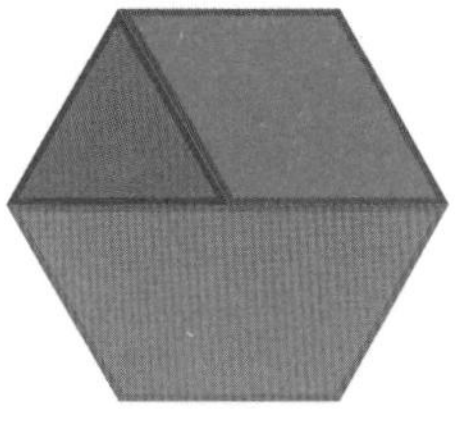

정삼각형 1개, 평행사변형 1개, 사다리꼴 1개로 만들었어요.

04 모양 채우기

오늘은 모양을 보고 다양한 모양 조각으로 보여 준 모양을 똑같이 만드는 거야.
우아! 재미있겠다.
방긋
그럼 우선 모양을 보여 줄게.
빨리 보여 줘!
내가 제일 먼저 만들 거야!
씨익

● 무엇을 배울까요? 모양 조각으로 채워진 모양을 살펴보게 합니다. 모양 채우기의 규칙을 알아보게 합니다. 모양 조각으로 여러 가지 다각형과 모양을 채워 보게 합니다.

● 언제 배울까요? 초등학교 4학년 2학기 다각형 단원에서 배워요.

우선은 이 모양이야.
척
다 만들었어. 정말 쉬워.
벌써 다 만들었다고?
띠헉
삼각형 도형을 이용해서 이렇게 만들었어.
이야! 정말이네~
조금 늦었지만 나도 만들었어.

난 평행사변형을 이용해서
이렇게 만들었어.
토리도 정확하게
똑같이 만들었구나.
휙
다들 정말 실력이
대단한데?
찡긋
이번엔
이 모양이야.
척
이번엔
더 어려운데?
히히~
이번에도
난 다 만들었어.

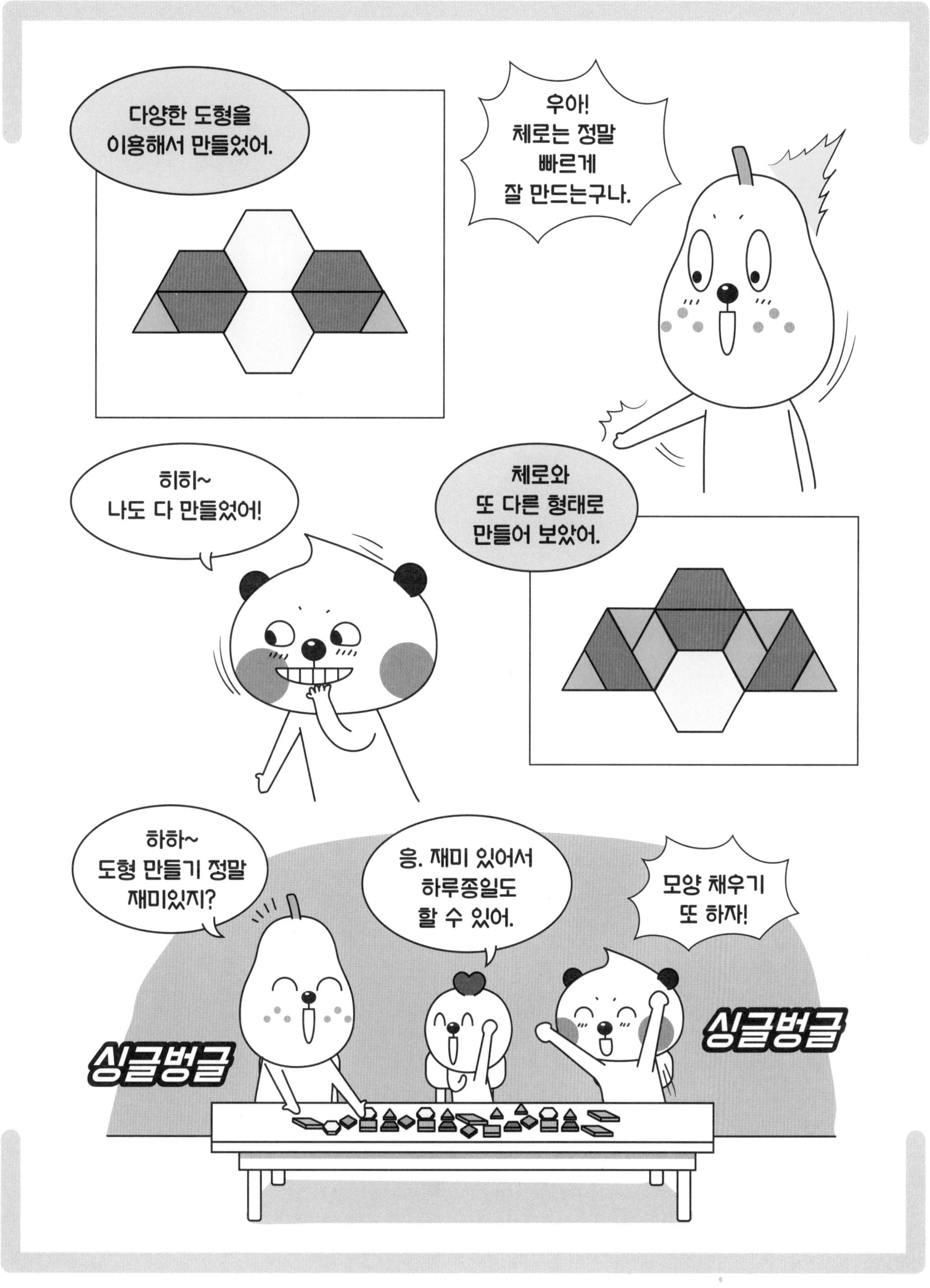
다양한 도형을 이용해서 만들었어.
우아! 체로는 정말 빠르게 잘 만드는구나.
히히~ 나도 다 만들었어!
체로와 또 다른 형태로 만들어 보았어.
하하~ 도형 만들기 정말 재미있지?
응. 재미 있어서 하루종일도 할 수 있어.
모양 채우기 또 하자!
싱글벙글
싱글벙글

모양 채우기

- 모양을 보고 모양 조각을 이용해서 채울 수 있습니다.
- 사용할 모양 조각의 수도 바꿔가며 여러 가지 방법으로 채울 수 있습니다.

한 가지 모양 조각으로 채워 볼까요?

한 가지 모양 조각을
여러 개 사용해.

여러 모양 조각을 사용해서 채워 볼까요?

한 가지 종류만 사용하거나, 여러 종류의 모양 조각을 사용해서
다양하게 만들어 채워 보세요.

3가지 모양 조각을 모두 사용해서 서로 다른 방법으로 모양을 채워 볼까요?

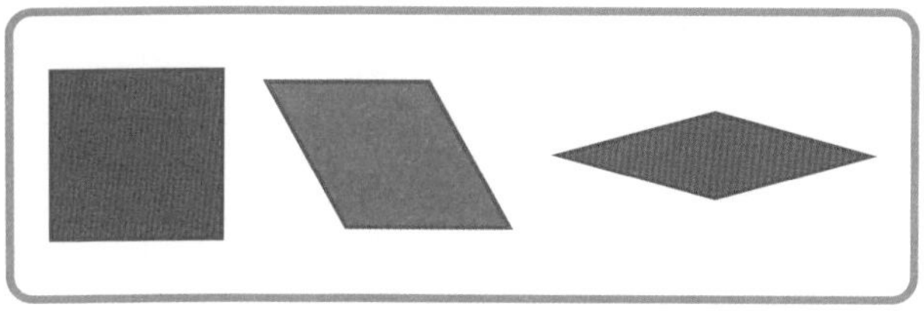

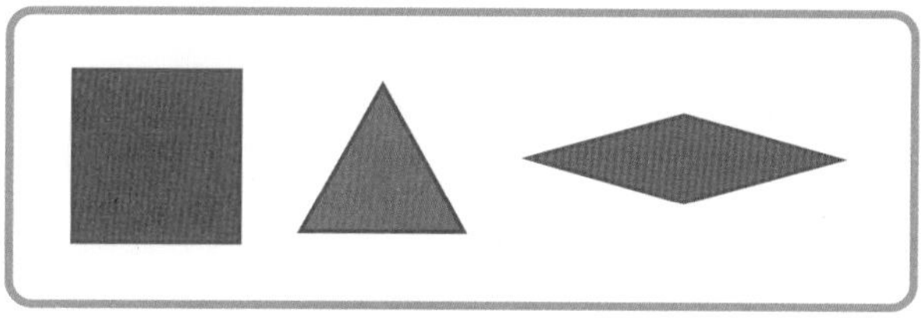

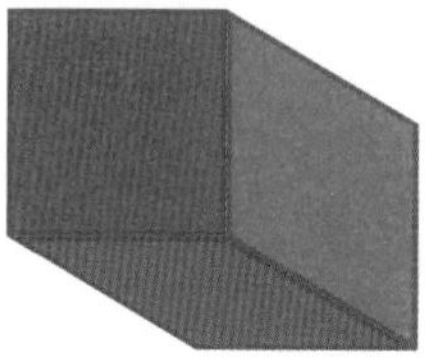

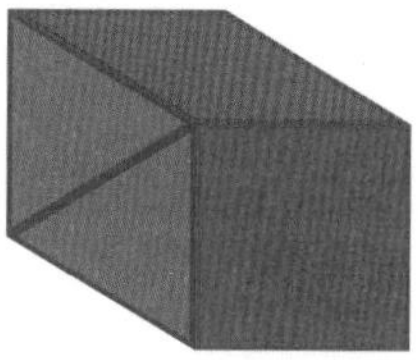

서로 다른 3가지
모양 조각으로 같은 모양을
채울 수 있어.

4가지 모양 조각을 모두 사용해서 모양을 채워 볼까요?

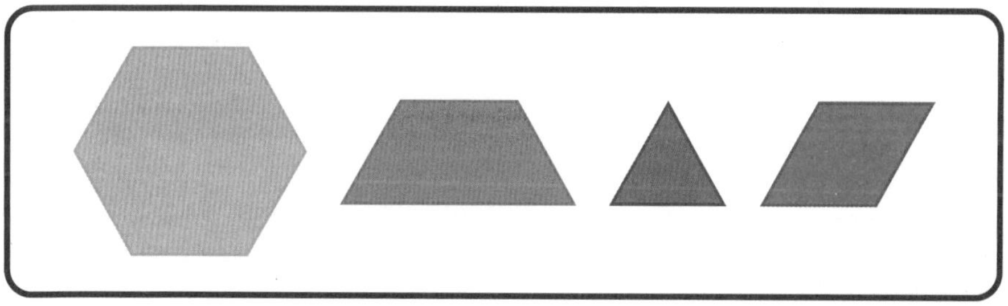

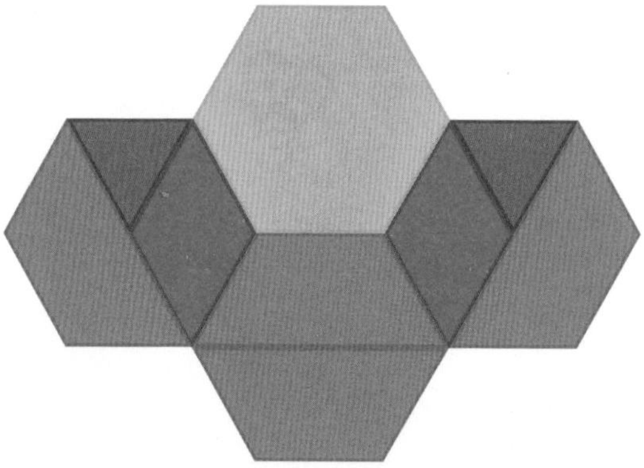

다양한 방법으로 채울 수 있어.
책에 나타낸 것과
다른 방법으로 채워 봐!

☆ 대한민국 초딩이 알아야 할 모든 지식 ☆
또래퀴즈
우리 아이 척척박사 만들기
프로젝트
초등학생을 위한 지식 퀴즈 백과
또래 퀴즈
호기심 퀴즈 백과
서로 묻고 답하며 두뇌&지식이 쑥쑥!
이젠교육
또래 퀴즈 호기심 퀴즈 백과
스프링북 | 정가 10,000원
한 손에 들고 다니면서 친구들이랑 맞히기 해요!
16 맛있는 음식을 보면 왜 침이 고일까요?
그림, 힌트를 보면서 풀면 이해하기 쉬울 거예요!
❸ 뇌가 맛있게 먹었던 기억을 떠올려서
초등 지식을 퀴즈, 해설과 함께 재미있게 익혀요!
스프링 제본으로 책장을 편하게 넘길 수 있어요!
세계 퀴즈 백과
인물 퀴즈 백과
과학 퀴즈 백과
호기심 퀴즈 백과
사회·문화 퀴즈 백과
상식 퀴즈 백과
한국사 퀴즈 백과
신기한 퀴즈 백과
COMING SOON
다음 시리즈도 곧 만나볼 수 있어요!
또래 퀴즈 백과 시리즈
세계 퀴즈 | 인물 퀴즈 | 과학 퀴즈 | 호기심 퀴즈 |
사회·문화 퀴즈 | 상식 퀴즈 | 한국사 퀴즈 | 신기한 퀴즈
이젠교육 EZEN EDUCATION